典型功能材料
环境适应性评价技术

中国建材检验认证集团股份有限公司
国 家 建 筑 材 料 测 试 中 心　组　编

孙飞龙　刘玉军　等　编　著

中国建材工业出版社

图书在版编目（CIP）数据

典型功能材料环境适应性评价技术/中国建材检验
认证集团股份有限公司，国家建筑材料测试中心组编；
孙飞龙等编著 . --北京：中国建材工业出版社，
2017.12
ISBN 978-7-5160-2116-3

Ⅰ.①典… Ⅱ.①中… ②国… ③孙… Ⅲ.①功能材
料—适应性—评价 Ⅳ.①TB34

中国版本图书馆 CIP 数据核字（2017）第 306112 号

内 容 简 介

本书介绍了我国典型自然环境及环境试验站的气候条件和特征以及材料的环境
腐蚀老化评价方法和标准；阐述了建筑防护涂层、建筑隔热涂层、吸波墙材、海工
混凝土等功能材料在海滨环境下的腐蚀老化行为；并基于南海严酷的海洋大气环
境，以典型涂层体系为研究对象，建立了多环境因素耦合腐蚀实验方法。

本书可供建筑涂料、吸波墙材或海工混凝土生产、工程结构设计和腐蚀研究的
科研和技术人员阅读。

典型功能材料环境适应性评价技术

中国建材检验认证集团股份有限公司
国 家 建 筑 材 料 测 试 中 心　　组 编

孙飞龙　刘玉军 等　编 著

出版发行：中国建材工业出版社
地　　址：北京市海淀区三里河路 1 号
邮　　编：100044
经　　销：全国各地新华书店
印　　刷：北京雁林吉兆印刷有限公司
开　　本：710mm×1000mm　1/16
印　　张：12.25　彩　色：0.25
字　　数：300 千字
版　　次：2017 年 12 月第 1 版
印　　次：2017 年 12 月第 1 次
定　　价：**49.80 元**

本社网址：www.jccbs.com　　微信公众号：zgjcgycbs
本书如出现印装质量问题，由我社市场营销部负责调换。联系电话：(010) 88386906

本书编委会

主　任　蒋　荃

副主任　陈　璐　刘婷婷

主　编　孙飞龙

副主编　刘玉军

编　委　许　欣　刘顺利　吴　帅　范祥林

　　　　孙洁平　郑雪颖　赵奕泽　王强强

　　　　代　铮　何　磊　李　戈　王　啸

前　　言

我国幅员辽阔，拥有长达几万公里的大陆海岸线，开发海洋资源、发展沿海经济对我国国民经济发展具有重大战略意义。材料是各类设施建设的基础，各种材料在严酷海洋服役环境中极易发生腐蚀、破坏，带来巨大的经济损失。因此，材料在海洋环境中的腐蚀问题不容忽视。

学术界对于常规金属材料、涂镀层体系、高分子材料等在海洋环境下的腐蚀耐久性和环境适应性的研究比较成熟，主要通过自然环境暴露试验和实验室加速试验进行研究。国际上先后出现了多个环境材料腐蚀试验中心，进行长期的材料腐蚀数据积累，组建数据共享网络系统，制定了大量的环境试验标准，形成了环境试验标准体系，逐步做到了自然环境试验的标准化。但是自然环境腐蚀试验周期长，少则几个月，多则几十年，不利于快速选材与评价。为此，国内外都在开展模拟自然环境的加速试验方法，探索室内短期加速腐蚀试验结果和户外长期暴露试验结果的相关性，以尽快获得试验结果，进行材料、制品、防护层的腐蚀寿命预测。目前此类试验已取得很大进展，已经基本建立材料在标准环境条件下的性能测试方法和评价标准。

然而，对于建筑材料，尤其是近年来发展迅速的建筑功能材料而言，其功能失效评价方法标准尚不完善，尤其是复杂海洋大气环境对材料功能性影响的评价技术和方法还很缺失，建筑功能材料的自然环境腐蚀数据更是一个空白。这严重制约了新型功能型建筑材料在海滨工程建设中的应用。基于此，本团队选取典型建筑功能材料进行了自然环境暴露试验和实验室加速腐蚀试验，研究其腐蚀老化行为和功能衰减规律，进而建立建筑功能材料的环境适应性评价技术和方法，为新型建筑功能材料的开发应用和海滨工程建设提供技术支撑。

本书首先介绍了我国所处的典型自然环境，包括大气环境、海水环境和土壤环境，并介绍了国家材料环境腐蚀试验站网所属大气试验站、海水试验站和土壤试验站的环境条件和特征及其腐蚀性的评价。然后从自然环境暴露试验和室内加速腐蚀试验两方面阐述了建筑材料的环境腐蚀老化试验方法和评价标准；研究了13种金属基和10种水泥基建筑防护涂层、3种隔热吸波墙材、7种海工混凝土在不同自然环境暴露试验后的腐蚀老化行为和功能衰减规律，以及建筑防护涂层和海工混凝土在室内模拟加速试验中的腐蚀规律和老化行为，分析了室内模拟加速试验与大气暴露试验的相关性，建立了基于南海严酷海洋大气环境的多环境因素耦合腐蚀试验方法；同时基于42种建筑隔热涂层的实验数据，研究了建筑隔热涂层的功能衰减规律和功能性评价指标，提出了建筑隔热涂层隔热效果评估和测试方法。

以上系列研究工作是在国家科技支撑计划（2014BAB15B02）、国家自然科学基金青年基金（51508541）和国家材料环境腐蚀平台的资助下完成的，在此一并表示感谢！衷心感谢中国建筑材料科学研究总院郭俊萍和曹延鑫、北京工业大学孙诗兵、盐城工学院代少俊以及国家建筑材料测试中心吕秋瑞等同志在试验研究工作中给予的支持和帮助。

建筑功能材料种类繁多，其环境适应性评价技术所包含的内容范围甚广，各项相关技术仍在不断发展和完善，加之作者水平所限，本书的不足甚至谬误在所难免，敬请读者批评指正。

编著者
2017 年 11 月

目　　录

第1章　我国典型自然环境及环境试验站的气候条件和特征

我国地域辽阔，处于8个气候带，划分为6个气候区（寒冷、寒暖、温暖、干热、亚湿热、湿热），拥有7类大气环境（农村、城市、工业、海洋、高原、沙漠戈壁、热带雨林），5大水系（黄河、长江、松花江、淮河和珠江），4个海域（渤海、黄海、东海和南海），40多种土壤。同一材料在不同自然环境中的腐蚀速率可以相差数倍至几十倍。因此，材料在我国自然环境条件下的腐蚀数据和规律，以及我国自然环境腐蚀性的测定数据，只有通过长期试验和检测进行积累，才能满足国家建设和国情调查的需要[1]。

国外对于材料自然环境腐蚀的研究起步较早，规模也较大。国际上先后出现了多个环境材料腐蚀试验中心，进行长期的材料腐蚀数据积累、组建数据共享网络系统、开展自然环境中材料腐蚀规律性和腐蚀产物对自然环境污染的影响研究。如美国自20世纪初首先建立大气腐蚀试验网站。目前美国试验站的规模很大：世界上的5大试验站中就有3个在美国（菲尼克斯试验站、迈阿密试验站、科尔试验站）。我国自然环境腐蚀网站工作开始于20世纪50年代末，现有大气腐蚀试验站15个，土壤腐蚀试验站9个，水环境试验站7个，已覆盖我国典型环境区域[2]。

1.1　大气腐蚀的主要环境影响因素

金属材料的大气腐蚀主要是指材料受大气中所含的水分、氧气和腐蚀性介质（包括雨水中杂质、烟尘、表面沉积物等）的联合作用而引起的破坏，按腐蚀反应可分为化学腐蚀和电化学腐蚀，除在干燥无水分的大气环境中发生表面氧化、硫化造成失去光泽和变色等属于化学腐蚀外，大多数情况下均属于电化学腐蚀，但又不同于全浸在电解液中的电化学腐蚀，而是在电解液薄膜下的电化学腐蚀。空气中的氧是电化学腐蚀阴极过程的去极化剂，金属材料表面水膜的厚度、干湿交变频率和氧的扩散速度等直接影响大气腐蚀过程的速率[1]。从而，大气的相对湿度、表面润湿时间、温度、降雨和污染物质（SO_2、Cl^-、NO_2）等显著影响金属的大气腐蚀。高分子材料、涂层、复合材料等与金属不同,一般不会发生电化学腐蚀。它们在大气环境中的性能变化主要是在阳光作用下的光老化和湿热老化。大气中的老化因素主要包括紫外线、温度、水、污染物质等。

1.1.1　大气的相对湿度

对于金属而言,大气腐蚀是发生在薄液膜下的电化学反应,而薄液膜的形成与大气的相对湿度有关。一般来讲,大气中相对湿度越大,金属表面越容易形成电解液薄膜。而不同物质或同一物质的不同表面状态,对大气中水分的吸附能力不同,形成薄液膜所需的相对湿度条件也不同。我们将金属表面形成水膜所需的最低相对湿度称为腐蚀临界相对湿度值。当大气中的相对湿度超过该金属的腐蚀临界相对湿度值后,金属的大气腐蚀速度开始急剧增加。常用金属(如钢铁、铜、铝、镍、锌等)的腐蚀临界相对湿度值均在60%以上。金属的腐蚀临界相对湿度因金属表面状态不同而不同,如金属表面粗糙度增加,则其临界相对湿度值降低,且当金属表面沾有易于吸潮的盐类、灰尘或生成易溶的腐蚀产物时,大气中的水分就会优先凝聚,使其临界相对湿度值降低[1,3]。

对于涂层而言,由于涂层固有的渗透性以及涂层涂覆过程中产生的气孔,外界渗入的水分易在涂层的极性基团处聚积,离子亦向水相扩散,并进行离子交换,该过程持续进行,直至透过涂层达到金属基体,并导致金属基体的腐蚀。Jacques阐述了水对涂层老化的影响:当有机涂层表面湿润时,水分使涂层体积膨胀;干燥时,涂层表面收缩。经过不断的干湿交替循环后,涂层产生巨大的内应力,内应力逐渐累积,达到涂层和基体结合强度临界值时,涂层从基体上剥落[4]。David R等研究发现,有机涂层中存在易被水攻击的键,如—NH—CH$_2$—、—CHO—O—C—、—CH$_2$—O—CH$_2$—等,当涂层发生水降解时,上述各键断裂,生成小分子产物,涂层老化[5-7]。

1.1.2　温度

温度对金属腐蚀的影响体现在温度对金属表面水蒸气的凝聚、水膜中各种腐蚀气体和盐类的溶解度、水膜的阻力以及腐蚀电化学反应速度的影响。温度的影响需要与大气的相对湿度综合考虑。当相对湿度低于金属的临界相对湿度时,温度对大气腐蚀的影响很小,无论气温多高,在干燥环境下金属腐蚀都很轻微。但当相对湿度达到金属腐蚀的临界相对湿度时,温度的影响将非常显著。因而,在湿热带或雨季,大气腐蚀严重。温度剧烈变化也会影响大气腐蚀,主要体现在金属表面上的凝露作用。如在大陆性气候地区,白天炎热,大气相对湿度低，水分不易凝聚；但在夜间及清晨，温度下降，导致水分在金属表面凝露，加速腐蚀。

不同的温度环境下，有机涂层可能因温度变化而导致老化。Perea 研究发现有机涂层长期受热后发生物理老化。当温度从玻璃化温度以上降至玻璃化温度以下时，有机涂层处于非平衡态，在氧气和高温的共同作用下，有机涂层发生热氧老化，导致涂层的机械性能、热性能、绝缘性能等物理性能均发生变化[8]。

1.1.3　太阳辐照

太阳光经过大气中尘埃和水分等的吸收和散射后，仅 290 nm 波长以上的光才能到达地面，其中破坏性最强的是紫外线[9]。紫外线的能量为 $314\sim419kJ \cdot mol^{-1}$，而大部分聚合物的自动氧化活化能为 $42\sim167kJ \cdot mol^{-1}$，一般化学键能为 $167\sim418kJ \cdot mol^{-1}$，故紫外线完全可以分解高分子材料或有机涂层的高分子链，引发自动氧化反应，从而造成高分子材料和涂层的老化分解[10]。太阳辐照强度越高，日照时间越长，高分子材料老化速度越快。

一般认为，对于金属材料，日照会促使金属表面水膜消失，降低表面润湿时间，反而会减缓腐蚀。但最近陈卓元的研究表明，在影响金属材料大气腐蚀的诸多因素中，光照辐射带来的金属光致加速腐蚀现象对大气腐蚀过程的影响一直未能引起足够的重视。光照辐射对金属海洋大气腐蚀过程的影响主要是通过具有半导体性质的腐蚀产物的光电化学效应来进行的[11]。

1.1.4　降雨量

降雨对大气腐蚀具有两种主要影响。一方面，降雨增大了大气相对湿度，延长了金属表面的润湿时间，同时降雨的冲刷作用破坏了腐蚀产物的保护性，从而加速了金属的大气腐蚀。另一方面，降雨冲刷掉了金属表面的污染物和灰尘，减少液膜的腐蚀性，减缓了腐蚀进程[1]。

1.1.5　大气成分

大气中的污染物质包括固体颗粒（如灰尘、NaCl、$CaCO_3$、ZnO、金属粉或氧化物粉等）和硫化物（SO_2、SO_3、H_2S）、氮化物（NO、NO_2、NH_3、HNO_3）、碳化物（CO、CO_2）及氯化物（Cl_2、HCl）等气体杂质。硫化物在材料表面与水反应，生成硫酸、亚硫酸等酸性离子，降低薄液膜的 pH 值，加速材料的腐蚀。在硫化物中，SO_2是最常见也是影响最严重的污染物，石油、煤燃烧的废气中都含有大量的 SO_2。氯化物有很强的吸湿作用，将增大表面液膜层的电导率，同时在表面薄液膜中形成的氯离子对材料的钝化膜有很强的破坏作用。氮化物会形成硝酸、亚硝酸等腐蚀性很强的成分，甚至碳酸在材料的薄液膜中也会降低 pH 值而加速腐蚀。

涂层，尤其是含不饱和键涂层老化的主要因素之一是大气中的氧气。不饱和碳链聚合物易受氧的影响，裂解交联[12]；饱和碳链聚合物的氧化反应从 C—H 键开始，但作用较慢，紫外线可以加速氧化反应过程，生成过氧化物，影响涂料的耐久性。

S、N、C 等元素的氧化物及其他盐离子（如 Cl^-）扩散进入涂层中，气体中活性基团与分子链上某些基团反应，从而改变分子链结构，导致有机涂层老化。Davis 等研究发现 SO_2 会加速醇酸涂层老化进程。在 SO_2 中放置 5 d，涂层和基体间的结合力下降到原始值的 1/3，而在无 SO_2 的气氛中则需 28 d[13]。

1.2　大气腐蚀性的评价

传统的大气腐蚀性是根据环境状况分类的，如工业大气、海洋大气、乡村大气、城市大气等。这种分类方法的不足之处是没有细致地考虑工业的类别、城市密度和所用的燃料等方面的差异，因而不能提供一个预测大气腐蚀性的定量方法[1]。ISO 9223 标准规定了两种大气环境腐蚀性分级分类的方法：一种方法是根据金属标准试件的腐蚀速率进行分级，即将钢、锌、铜、铝的标准试片在某自然环境暴露 1 年后，由失重速率确定大气腐蚀性的分级；另一种方法是根据大气环境中 SO_2 浓度、Cl^- 沉降量和试件的润湿时间，形成一个推测性的腐蚀分级[14-15]，用于预测在不同腐蚀性等级的大气中，金属、合金和一些金属涂镀层的使用寿命。

1.2.1　大气腐蚀性分级

ISO 9223—1992 将大气腐蚀性分为 5 级：C1：腐蚀性很低；C2：低；C3：中；C4：高；C5：很高。但一些学者对热带潮湿气候区（加勒比海地区的古巴、墨西哥、委内瑞拉等）的大气腐蚀性进行了评估，发现海滨的大气腐蚀性高于 ISO 标准的 C5 级[16-17]。J. Morales 等的研究表明在加那利群岛西部的一些岛屿上碳钢、铜和锌的腐蚀速率超过了 ISO 9223—1992 标准中规定的 C5 级[18-19]。因此，ISO 9223—2012 将大气腐蚀性分为 6 级，在前 5 级的基础上增加了一级 CX，应用于特定海洋和海洋/工业环境。具体的大气腐蚀性分级对比以及典型环境示例见表 1.1。

表 1.1　大气腐蚀性分级对比

ISO 9223—1992		ISO 9223—2012			
腐蚀性等级	腐蚀性	腐蚀性等级	腐蚀性	典型环境示例	
				室内	室外
C1	很低	C1	很低	干燥清洁的室内场地，如办公室、学校、博物馆	干旱寒冷地区、极低的污染和润湿时间的大气环境，如特定的沙漠、北极、南极
C2	低	C2	低	低频凝结、低污染的常温室内场地，如仓库、体育场	温带、低污染物浓度（$SO_2 \leqslant 5\mu g/m^3$）的大气环境，如乡村、小镇。干旱寒冷地区、润湿时间短的大气环境，如沙漠、亚北极区
C3	中	C3	中	产品生产过程中产生中频凝结和中度污染的场地，如食品加工厂、洗衣房、啤酒厂、乳制品厂	温带、中等污染物浓度（$5\mu g/m^3 \leqslant SO_2 \leqslant 30\mu g/m^3$）或低盐度的大气环境，如城市、低盐度海滨地区。亚热带和热带地区、低污染的大气环境
C4	高	C4	高	产品生产过程中产生高频凝结和重度污染的场地，如工业加工厂、游泳池	温带、高污染物浓度（$30\mu g/m^3 \leqslant SO_2 \leqslant 90\mu g/m^3$）或高盐度的大气环境，如污染较重的城市、工业区、中等盐度海滨地区或暴露于除冰盐的区域。亚热带和热带地区、中度污染的大气环境
C5	很高	C5	很高	产品生产过程中产生极高频凝结和重度污染的场地，如矿井、工业洞穴、亚热带和热带地区不通风工作间	温带和亚热带、极高污染物浓度（$90\mu g/m^3 \leqslant SO_2 \leqslant 250\mu g/m^3$）或极高盐度的大气环境，如工业区、海滨地区、沿海遮蔽处
		CX	极端	产品生产过程中产生持续凝结或长期暴露于高湿环境和重度污染的场地，如湿热带地区室外有污染物进入的不通风工作间	亚热带和热带（非常高的润湿时间）、极高污染物浓度（$250\mu g/m^3 \leqslant SO_2$）和极高盐度的大气环境，如极端工业区、海滨和近海地区、偶尔接触盐雾

1.2.2　大气腐蚀性等级指导值

随着材料的大气环境腐蚀数据的积累和相关研究的进展[20-23]，ISO 9223—

5

2012 将大气腐蚀性分为 6 类，在 ISO 9223—1992 前 5 类的基础上增加了一级 CX：应用于特定海洋和海洋/工业环境[15]。同时，ISO 9224—2012 也相应地更新了材料在不同腐蚀等级的大气中的腐蚀速率的指导值，如表 1.2 所示[24]。主要变化有三：一是增加了碳钢、锌和铜在 CX 级大气环境中的腐蚀速率的指导值；二是对碳钢、锌和铜在 C1～C5 级大气环境中的腐蚀速率的指导值作了修改；三是删除了耐候钢和铝在不同腐蚀等级的大气中的腐蚀速率的指导值。删除铝的腐蚀速率指导值主要是因为铝在大气环境中主要发生的是局部腐蚀，尤其在腐蚀等级高的大气环境中；而表 1.2 中数据是基于平均失重结果，因此，在此表中给出铝的腐蚀速率的指导值是不合适的。删除耐候钢的腐蚀速率指导值是由于耐候钢在大气中的耐腐蚀性能与添加的合金元素密切相关，对其在不同腐蚀等级的大气中的腐蚀速率的讨论见第 1.2.4 节。

表 1.2　碳钢、锌和铜在不同腐蚀等级的大气中的腐蚀速率的指导值

金属	最初 10 年腐蚀速率 r_{av}					
	C1	C2	C3	C4	C5	CX
碳钢	$r_{av} \leqslant 0.4$	$0.4 < r_{av} \leqslant 8.3$	$8.3 < r_{av} \leqslant 17$	$17 < r_{av} \leqslant 27$	$27 < r_{av} \leqslant 67$	$67 < r_{av} \leqslant 233$
锌	$r_{av} \leqslant 0.07$	$0.07 < r_{av} \leqslant 0.5$	$0.5 < r_{av} \leqslant 1.4$	$1.4 < r_{av} \leqslant 2.7$	$2.7 < r_{av} \leqslant 5.5$	$5.5 < r_{av} \leqslant 16$
铜	$r_{av} \leqslant 0.05$	$0.05 < r_{av} \leqslant 0.3$	$0.3 < r_{av} \leqslant 0.6$	$0.6 < r_{av} \leqslant 1.3$	$1.3 < r_{av} \leqslant 2.6$	$2.6 < r_{av} \leqslant 4.6$

金属	稳态腐蚀速率 r_{lin}					
	C1	C2	C3	C4	C5	CX
碳钢	$r_{lin} \leqslant 0.3$	$0.3 < r_{lin} \leqslant 4.9$	$4.9 < r_{lin} \leqslant 10$	$10 < r_{lin} \leqslant 16$	$16 < r_{lin} \leqslant 39$	$39 < r_{lin} \leqslant 138$
锌	$r_{lin} \leqslant 0.05$	$0.05 < r_{lin} \leqslant 0.4$	$0.4 < r_{lin} \leqslant 1.1$	$1.1 < r_{lin} \leqslant 2.2$	$2.2 < r_{lin} \leqslant 4.4$	$4.4 < r_{lin} \leqslant 13$
铜	$r_{lin} \leqslant 0.03$	$0.03 < r_{lin} \leqslant 0.2$	$0.2 < r_{lin} \leqslant 0.4$	$0.4 < r_{lin} \leqslant 0.9$	$0.9 < r_{lin} \leqslant 1.8$	$1.8 < r_{lin} \leqslant 3.2$

1.2.3　推测性腐蚀分级方法

ISO 9223—1992 用表格的方式划分了推测性腐蚀分级。根据润湿时间和污染物浓度（二氧化硫和氯化物）分别针对碳钢、锌和铜、铝进行了环境腐蚀性分级。其中，润湿时间是一个很重要的环境参数，计算温度高于 0℃、相对湿度大于 80% 的总时间。此种润湿时间的计算方法并不合理。在南极和亚北极地区的研究表明，当温度低于 0℃ 时，大气腐蚀也会发生。墨西哥湿热地带 5 年的试验结果表明沿海的真实润湿时间往往是内陆的 2 倍。建议计算润湿时间时降低相对湿度的限值[25-26]。而另一方面，在很多热带内陆地区，真实的润湿时间又低于按照标准方法计算的结果。因为在太阳辐照的作用下，金属表面的温度往往高于空气中的。温度的差异将导致润湿时间的极大偏差[27]。此种现象也在实验室研究中出现，当相对湿度为 98% 时，温度的升高会迅速降低金属表面液膜

的厚度。当温度为 60℃ 时，锌表面只有 2～3 层水膜[28]。以上研究表明，在大气环境下，温度升高一方面加速了腐蚀的电化学、化学和扩散步骤；另一方面也促进了金属表面液膜的蒸发，降低了润湿时间，阻碍了腐蚀进程。鉴于此，ISO 9223—2012 对腐蚀分级的推测方法进行了改进。

在大量试验的基础上，建立了不同材料第一年的腐蚀速率与污染物浓度（二氧化硫沉积率和氯化物沉积率）、相对湿度和温度的函数关系。利用函数关系，根据环境参数计算材料第一年的腐蚀速率，再按照材料第一年的腐蚀速率对环境进行腐蚀性分级。对于碳钢、锌、铜、铝分别给出了不同的计算公式。

对于碳钢

$$r_{corr}=1.77 \cdot P_d^{0.52} \cdot \exp(0.020 \cdot RH + f_{st}) + 0.102 \cdot S_d^{0.62} \cdot$$
$$\exp(0.033 \cdot RH + 0.040 \cdot T)$$
$$f_{st}=0.150 \cdot (T-10) \text{ when } T \leqslant 10℃$$
$$f_{st}=-0.054 \cdot (T-10) \text{ when } T \geqslant 10℃$$
(1-1)

对于锌

$$r_{corr}=0.0129 \cdot P_d^{0.44} \cdot \exp(0.046 \cdot RH + f_{Zn})$$
$$+0.0175 \cdot S_d^{0.57} \cdot \exp(0.008 \cdot RH + 0.085 \cdot T)$$
$$f_{Zn}=0.038 \cdot (T-10) \text{ when } T \leqslant 10℃$$
$$f_{Zn}=-0.071 \cdot (T-10) \text{ when } T \geqslant 10℃$$
(1-2)

对于铜

$$r_{corr}=0.0053 \cdot P_d^{0.26} \cdot \exp(0.059 \cdot RH + f_{Cu})$$
$$+0.010 \cdot S_d^{0.27} \cdot \exp(0.036 \cdot RH + 0.049 \cdot T)$$
$$f_{Cu}=0.126 \cdot (T-10) \text{ when } T \leqslant 10℃$$
$$f_{Cu}=-0.080 \cdot (T-10) \text{ when } T \geqslant 10℃$$
(1-3)

对于铝

$$r_{corr}=0.0042 \cdot P_d^{0.73} \cdot \exp(0.025 \cdot RH + f_{Al})$$
$$+0.0018 \cdot S_d^{0.60} \cdot \exp(0.020 \cdot RH + 0.094 \cdot T)$$
$$f_{Al}=0.009 \cdot (T-10) \text{ when } T \leqslant 10℃$$
$$f_{Al}=-0.043 \cdot (T-10) \text{ when } T \geqslant 10℃$$
(1-4)

其中 r_{corr} 为第一年的腐蚀速率（$\mu m/a$），T 为全年平均温度（℃），RH 为全年的平均相对湿度（％），P_d 为全年平均 SO_2 沉积率 [mg/（m² · d）]，S_d 为全年平均 Cl^- 沉积率 [mg/（m² · d）]

此方法与 ISO 9223—1992 的方法相比，具有两个优点：一是排除了润湿时间计算偏差带来的腐蚀性分级偏差；二是将锌和铜区别开来进行大气腐蚀性分级，结果更准确。在 ISO 9223—2012 附录中还分析了推测性腐蚀性分级的不确定度，与按照金属标准试件的腐蚀速率进行环境分级的不确定度进行了比较，如表 1.3 所示。

表 1.3　腐蚀性分级的不确定度

金属	不确定度	
	按照金属腐蚀速率进行分级	按照大气环境进行分级
碳钢	±2%	−33%到+50%
锌	±5%	−33%到+50%
铜	±2%	−33%到+50%
铝	±5%	−50%到+100%

表中的不确定度基于多种材料在不同的试验场的暴晒结果，但只是针对某一时期，因而，结果虽然具有一般有效性，但由于环境的腐蚀性逐年变化，取决于实际的气候变化，由此带来的结果不确定度不包含在表中结果中。由于推测性腐蚀分级是在计算函数的基础上得来的，因此总的不确定度来源于两方面：一是函数的不确定度，二是环境参数测量的不确定度。其中，函数的不确定度为主。表中的不确定度是函数中所用参数在整个范围内的不确定度的平均值。对于所有的回归方程来说，在中间范围也就是 C3 级时，不确定度最低；而在更低和更高的范围对应于 C1 和 C5 级时，不确定度较高；CX 级的不确定度最高不包含在计算中。

1.2.4　腐蚀速率预测

1.2.4.1　腐蚀速率预测公式

ISO 9224—2012 标准更新的一个重要部分便是对材料在大气环境中的腐蚀速率的预测展开了论述。金属及其合金在大气中的腐蚀速率会随着暴露时间而变化。由于表面腐蚀产物的积累，大多数金属及其合金的腐蚀速率会随暴露时间的延长而降低。研究表明腐蚀速率与暴露时间通常存在以下关系：

$$D = r_{corr} t^b \tag{1-5}$$

其中，t 为暴露时间，年表示，r_{corr} 为第一年的腐蚀速率，用 $g/m^2 \cdot a$ 或 $\mu m/a$ 表示，b 为金属−环境特定时间指数，通常小于 1。

应用材料在大气环境中的长期腐蚀速率可以计算式（1-5）中方程的时间指数 b。ISO CORRAG 大气暴露计划对大量材料在全球多地进行了长期暴露试验。通过对数据的回归分析，计算了金属−环境特定时间指数 b，并对同种材料得到的 b 值取平均值记为 B1，如表 2 所示。从而可以应用式（1-5）结合表 1.4 中的数据对材料的腐蚀速率进行预测。标准在附录 A 中展示了按照 ISO 9223—2012 中材料在 6 个等级的大气环境中一年的腐蚀速率范围计算的碳钢、锌、铜和铝 4 种金属材料在 6 级大气中的最大腐蚀速率。表 1.4 中 B2 值为 B1 加上两倍的标准偏差，用于计算腐蚀速率的上限。

表 1.4　腐蚀速率预测时间指数

金属	B1	B2
碳钢	0.523	0.575
锌	0.813	0.873
铜	0.667	0.726
铝	0.728	0.807

1.2.4.2　长期（>20a）暴露腐蚀速率预测公式

研究表明，式（1-5）适用于金属在大气环境中暴露小于 20 年时的腐蚀速率预测。但当暴露时间大于 20 年时，腐蚀产物的生长往往趋于稳定，腐蚀速率将与时间呈线性。从而，金属的腐蚀速率可用下式计算：

$$dD/dt = br_{corr}(t)^{b-1} \tag{1-6}$$

$$D(t>20) = r_{corr}\left[20^b + b(20^{b-1})(t-20)\right] \tag{1-7}$$

1.2.4.3　合金元素和 Cl⁻ 对 b 值的影响

钢表面的锈层对基体的保护性很大程度上受到添加合金元素的影响。添加不同的合金元素会使钢的耐大气腐蚀性能发生极大变化，促进其在暴露周期内形成保护性更好的锈层。ISO 9224—2012 标准在附录 C 中阐述了考虑钢中合金成分时腐蚀速率的计算过程。合金元素对时间指数 b_a 的影响可表示为：

$$b_a = 0.569 + \sum b_i w_i \tag{1-8}$$

其中，b_a 为在非海洋大气环境中暴露时合金元素相关 b 值，b_i 为第 i 个合金元素的影响系数，w_i 为第 i 种合金元素的质量百分比。方程（1-8）基于 ASTM G101 数据得出[29]，0.569 是纯铁在三个非海洋环境中 b 值的平均值[30-31]。主要合金元素的影响系数见表 1.5。

表 1.5　合金元素影响系数

元素	b_i
C	−0.084
P	−0.490
S	+1.440
Si	−0.163
Ni	−0.066
Cr	−0.124
Cu	−0.069

在海洋环境中，氯离子的沉积将降低钢表面锈层的保护性。氯离子沉积速

率 S_d 对时间指数增量 Δb 的影响如下式所示：

$$\Delta b = 0.0845 S_d^{0.26} \tag{1-9}$$

其中，Δb 为 Cl^- 导致 b 的增量，S_d 为氯离子沉积速率 $[mg/(m^2 \cdot d)]$。方程（1-9）是由 19 种钢在 9 个海洋大气环境中的数据得出[32-34]。

1.2.4.4　问题和注意事项

以上腐蚀速率预测的计算方法有几个方面有需要注意：

（1）钢铁的缝隙和遮蔽处会遭受比方程 1-5 预测结果更高的腐蚀破坏；

（2）表 1.4 中的 B1 值是商业纯锌的计算结果，而其他锌合金在大气暴露环境下具有更高的 b 值；

（3）锌合金的腐蚀对 SO_2 尤其敏感，在 SO_2 气体含量高的环境（SO_2 范围 P_3）中，锌合金的腐蚀速率高于方程 2-5 预测结果。这种情况下，谨慎起见可以假定腐蚀速率和时间呈线性关系，b 值取 1；

（4）铜合金（例如黄铜、青铜、白铜）在大气环境中的腐蚀速率与紫铜的相近或更低，因此表 1.4 中的 B1 和 B2 用于铜合金的腐蚀预测是足够的。

（5）铝合金在自然环境中既会发生均匀腐蚀亦会发生局部腐蚀。从而，按照以上方法计算将严重低估铝合金的最大腐蚀深度。

1.3　我国的大气环境试验站的气候条件和特征

我国大气腐蚀试验站的地理位置与气候特征见表 1.6。分别代表了寒带、温带、亚热带、热带和高原气候带等区域，反映了我国的典型大气环境，包括农村大气、海洋大气、城郊大气、工业大气、荒漠大气等。其中，青岛站、万宁站和西沙站属于海洋大气环境。与内地大气环境相比，海洋大气的腐蚀性更为恶劣。这是因为，离海岸线越近，大气中的含盐量越高，易使金属表面形成液膜，促进腐蚀的发生。海洋大气环境是各种大气环境中较为典型、腐蚀程度较严重的一种。试验站气象和介质主要环境因素年平均（2015—2016）统计值见表 1.7。

表 1.6　我国大气腐蚀试验站的地理位置和气候特征

序号	试验站名	地理位置		大气环境
		东经	北纬	
1	漠河站	122°23′	23°01′	寒带寒冷型森林大气
2	沈阳站	123°26′	42°46′	温带亚湿润城市大气
3	拉萨站	91°08′	29°40′	高原亚干旱大气
4	库尔勒站	86°13′	41°24′	温带干旱盐渍沙漠大气

续表

序号	试验站名	地理位置		大气环境
		东经	北纬	
5	敦煌站	91°41′	40°09′	温带干旱沙漠大气
6	吐鲁番站	89°19′	42°91′	温带荒漠大气
7	北京站	116°16′	39°59′	温带亚湿润半乡村大气
8	青岛站	120°25′	36°03′	温带湿润海洋大气
9	武汉站	114°04′	30°36′	亚热带湿润城市大气
10	江津站	106°15′	29°19′	亚热带湿润酸雨大气
11	广州站	113°13′	23°23′	亚热带湿润城市大气
12	琼海站	110°28′	19°14′	热带湿润乡村大气
13	万宁站	110°05′	18°58′	热带湿润海洋大气
14	西双版纳站	100°40′	21°35′	热带湿润雨林大气
15	西沙站	112°20′	16°50′	热带湿润海洋大气

表 1.7　试验站气象和介质主要环境因素年平均（2015—2016）统计值

环境因素		试验站			
		琼海	万宁	西沙	青岛
年平均气温/℃		26.1	25.6	27.0	14.3
年极端最高气温/℃		34.9	37.3	33.3	37.6
年极端最低气温/℃		19.3	10.6	20.1	−13.9
年平均相对湿度/%		80	84	77	75
年降雨量/mm		1569.4	1515	1526	219.0
日照时数/h		1755.9	1719.4	2675	1129.7
年总辐照量/MJ/m²		5096.89	5190.49	6600	1097.1
大气主要污染物/(mg/100cm²/日)	Cl^-	0.0315	0.3291	1.1268	0.1390
	SO_2	0.0663	0.0304	—	0.0871
	H_2S	0.0203	0.0078	—	0.0246
	NH_3	0.0355	0.0109	—	0.0122
雨水	pH 值	6.34	5.55	6.5	5.52
	Cl^-/(mg/m³)	3238	12237		9193.75
	SO_4^{2-}/(mg/m³)	666	7678		5738
降尘/(g/m²/月)	水溶	0.8878	4.0348		1.7563
	非水溶	4.1049	3.5836		2.7417

青岛大气腐蚀试验站位于青岛市小麦岛海岛上，距海岸 25m，海拔高度

12m。试验站年平均气温 14.3℃，每年的 6～9 月份气温最高，达到 23.5～25.1℃，每年的 1 月、2 月和 12 月气温最低，低于 5℃；年平均湿度在 75% 左右，每年的 6～8 月份湿度最高，高于 80%。与热带试验站相比，青岛站日照时数、总辐照量和降雨量偏低，是典型的南温带湿润型海洋性气候。除了大气试验站，青岛站兼具海水试验站，环境条件具有我国北部海域特征和代表性。

万宁大气试验站位于海南省万宁市山根镇境内的海岸边，海拔 12.3m，同时具备海洋试验平台、近海自然环境试验场（离海岸线 100 米且无遮挡）和远海自然环境试验场（离海岸线 350m）。试验站的年平均温度为 25.6℃，年平均相对湿度 84%，全年的温湿度变化比较稳定，几乎都处于较高的水平；年总辐射量达到 5190.49MJ/m²，年总日照时数约 1719h，年积温高达 9000 度；大气中 Cl^- 浓度较高，达到 0.33mg/100cm²/d，年降水总量 1515mm，降水 pH 值 5.55，具有高温、高湿、高盐雾、强辐照的气候特点。除了 Cl^- 以外，大气中 SO_2、H_2S 和 NH_3 等腐蚀性杂质含量相对较少。由于与琼海试验站所处的经度和纬度相近，万宁试验站的气温、相对湿度、辐照量等环境因素与琼海相差不大，但由于万宁站离海岸线更近，从而大气中 Cl^- 浓度较琼海站高一个数量级。

西沙大气试验站位于西沙永兴岛上，四面环海，距海岸线 100m，海拔高度 4.9m。试验站常年高温，年平均温度约为 27℃，极端最高温度达 33.3℃，极端最低温度为 20.1℃，月平均气温 25℃ 以上的时间有 10 个月，全年月平均气温均在 20℃ 以上；年平均相对湿度为 77%，全年的湿度变化比较稳定，几乎都处于较高的水平。西沙地属低纬度，太阳投射角度大，光照充足，早晚差别不大，其年日照时间在 2600h 左右，年太阳辐射量更是达到 6600 MJ/m²。年累积降雨量达 1500mm 以上，年平均 Cl^- 沉积速度达 1.13mg/100m²/d，在以上所有海洋大气环境试验站中是最高的，是典型的高温高湿强辐照高盐雾的海洋大气环境。

1.4 海洋腐蚀区带及其重要环境影响因素

海水是自然界中数量最多且具有很强腐蚀性的电解质溶液，主要含有 3.2%～3.75% NaCl 等多种盐类，溶解有氧和二氧化碳等气体，还有大量海生物。海水的盐度、pH 值、温度、溶解氧含量随海水深度、地理位置、季节的不同而有所变化。

通常所指的海洋环境大体分为 5 个腐蚀区带：海洋大气区、海水飞溅区、海水潮差区、海水全浸区和海泥区。根据海水深度不同，全浸区带又可分为浅水区、大陆架区和深水区。每个区带都有其特有的腐蚀环境，见表 1.8[1]。

表 1.8　海洋环境区带环境条件

区带名称	环境条件
海洋大气区	风带来细小的海盐颗粒。影响腐蚀性的因素是海盐含量、湿度、风速、雨量、温度、太阳辐照等
海水飞溅区	潮湿、充分充气的表面、海水飞溅、无害生物污损
海水潮差区	周期沉浸、供氧充分、有害生物污损
海水全浸区	浅海区：海水通常为氧饱和，海生物污损、海水流速、水温、污染等都可能起重要作用； 大陆架区：无植物污损，动物污损也大大减少，氧含量、水温有所降低； 深海区：氧含量不一，温度接近 0℃，海水流速低，pH 比表层低
海泥区	往往存在细菌，如硫酸盐还原菌，海底沉积物的特征和性状不同

1.4.1　海洋大气区

　　海洋大气区是指海面飞溅区以上的大气区和沿海大气区。影响腐蚀的重要环境因素包括大气的成分、温度、湿度、太阳辐照和降雨量等，具体见 1.1 节。但与常规大气环境腐蚀相比，海洋大气环境有其独特性，主要体现在海洋大气中的海盐粒子含量高。海盐的附着积存量，与风浪条件，离海面的高度，距海岸的远近以及暴晒雨淋等因素相关。由于风化严重，$CaCl_2$、$MgCl_2$ 吸湿性强，将留存在金属表面形成腐蚀性湿膜，当昼夜或季节性温差变化较大时，更为明显。一般情况下，随着距海岸线距离的增加，含盐粒子量迅速下降。无强烈风暴时，大致在深入 2 公里的内陆，含盐量趋于零[1]。

1.4.2　海水飞溅区

　　飞溅区是指平均高潮线以上海浪飞溅润湿的区段。由于此处海水与空气充分接触，含氧量达到最大程度，再加上海浪的冲击作用，使飞溅区成为腐蚀性最强的区域[3]。影响腐蚀的主要环境因素包括金属表面上含盐粒子大量积聚和腐蚀薄液膜留存时间长、浪花飞溅的干湿交替频率高、海水中的气泡冲击破坏材料表面及其保护层等。据文献报道，飞溅区的范围是在海水平均高潮位（M.H.W.L）以上约 0～2.4m 的区间，钢铁材料在海洋飞溅区的腐蚀峰值的位置一般在海水 M.H.W.L 以上 0.6～1.2m 处。通常防腐涂层在这个区带比其他区带更易脱落。由于这一区带充气良好，能促进钝化，对于一些易钝化金属如不锈钢、镍合金、铜合金、铝等金属在这一区带的腐蚀反而不严重[1]。

1.4.3　海水潮差区

潮差区是指平均高潮位和平均低潮位之间的区域。潮差区的金属表面供氧充足，海水干湿交替均加剧了材料的腐蚀。但与飞溅区不同，潮差区存在海生物。对于一般钢铁材料来说，海生物附着将起到局部保护作用；而对于不锈钢等易于钝化金属而言，海生物附着将造成局部缺氧形成闭塞电池促进局部腐蚀[1]。

海洋挂片腐蚀试验结果表明，对于孤立样板，其腐蚀速度稍高于全浸区。但对于长尺寸的钢带试样，潮汐区的腐蚀速度反而低于全浸区。这是由于对孤立样板主要是微电池腐蚀作用，腐蚀速度受氧扩散控制，潮汐区的腐蚀速度要高于全浸区。对长尺试样，除微电池腐蚀外，还受到氧浓差电池作用，潮汐区部分因供氧充分为阴极，受到一定程度保护，腐蚀减轻。而紧靠低潮线以下的全浸区部分，因供氧相对缺少而成为阳极，使腐蚀加速[3]。

1.4.4　海水全浸区

在平均低潮线以下部分直至海底的区域称为全浸区。海水全浸区又分为浅海区、大陆架区和深海区。其中，表层海水中溶解氧含量高（近于饱和）、海生物活性强、水温高，是全浸区腐蚀较重的区域。大陆架海水深度不一，海水中含氧量和水温随水深的增加而下降，腐蚀性变弱。当深度超过 $20\sim30\mathrm{m}$ 时，海水流速很低，无阳光射入，一般植物不能生存，动物性污染也会减少。

按照《中国大百科全书》的定义，深海指 200 米以下的海洋环境；在军事领域通常将深海定义为 300 米以深的海洋环境[17]。在深海环境中，溶解氧含量、温度、pH 值、含盐度、静水压力、溶解 CO_2 含量、流速以及生物环境等都与浅海环境不同。图 1-1 为美国 20 世纪 60 年代测得的太平洋海水的溶氧量、温度、pH 值和含盐度随深度的变化曲线[35]。

深海水环境含盐量高、电阻率低、氧浓度低、压力高和温度低等导致腐蚀相关参数发生变化。目前获得的数据也证明材料在深海环境中腐蚀行为存在异常现象：如材料钝性和活性的转变，缝隙腐蚀的加速，应力腐蚀、氢致开裂等局部腐蚀破坏规律明显不同于浅海。对深海结构物进行阴极保护时不易形成保护性沉淀，牺牲阳极的消耗比表层要大得多。

1.4.5　海泥区

海泥区是指海水全浸区以下部分，主要由海底沉积物构成。与陆地土壤不同，海泥区含盐度高，电阻率低，腐蚀性较强。与全浸区相比，海泥区的氧浓

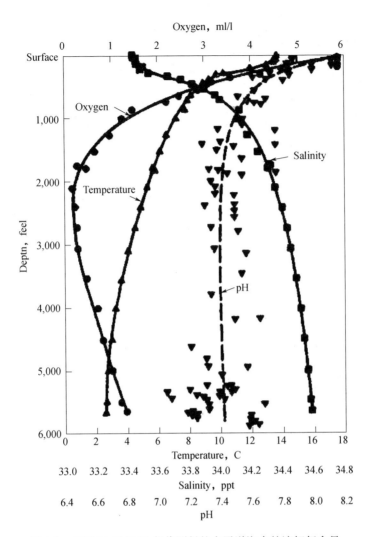

图 1-1　美国 20 世纪 60 年代测得的太平洋海水的溶解氧含量、
温度、pH 值和含盐度随海水深度的变化曲线

度低，因而钢在海泥区的腐蚀速度通常低于全浸区。同时，海泥中往往含有细菌等微生物。其中，硫酸盐还原菌所产生的硫化物对各种金属均具有腐蚀性，且会在无氧条件下引起金属腐蚀。

1.5　我国的海水环境试验站的环境特征

自 20 世纪 30 年代中期美国建立拉奎海水腐蚀试验站以来，许多国家先后建立了试验站，进行材料海水腐蚀试验站。我国水环境腐蚀试验站的地理位置与环境条件见表 1.9。其中，青岛站、舟山站、厦门站和三亚站属于海水环境，分布在我国黄海、东海和南海。

表 1.9　我国水环境腐蚀试验站的地理位置和环境条件

序号	试验站名	地理位置		环境类型	盐度
		东经	北纬		
1	青岛站	120°25′	36°03′	海水	31.5
2	厦门站	118°04′	24°27′	海水	27
3	三亚站	109°32′	18°13′	海水	33
4	舟山站	122°06′	30°00′	海水	24.5
5	长江武汉站	114°04′	30°38′	淡水	<0.1
6	黄河郑州站	112°49′	34°20′	淡水	<0.1
7	格尔木站	95°12′	36°29′	盐湖水	325

青岛海岸位于南黄海海域，属于南温带海洋气候。青岛试验站位于小麦岛，小麦岛位于青岛市东郊，四面环海、无河口、无污染源，海水水质清洁。环境条件具有我国北部海域特征和代表性。试验场外建有防波堤，有潮汐引起的天然潮流。海水环境因素主要特征如下：

（1）正规半日潮，平均潮差 2.7m，平均最大潮差 4.2m，海水平均流速 10cm/s 左右。由于试验场三面为礁石所围，海流消浪作用差，与相对瓶颈的港湾海水比较，涌浪较大。

（2）年平均水温较低，为 13.7℃。水温随季节变化显著，7～10 月水温最高，月平均水温 20.1～24.6℃，1～3 月水温最低，月平均水温 3.8～5.0℃。水温年较差较大，为 20.8℃。

（3）与海水温度相对应，海水溶解氧年较差较大，为 2.8mL/L。由于青岛站海水盐度相当稳定，在一定盐度下，海水中氧含量随温度升高而降低。

（4）由于附近无河口径流，海水盐度相当稳定，年平均值为 31.49‰。盐度随季节变化很小，盐度变化范围 30.2‰～32.6‰。

（5）与水温变化相对应，海生物附着随季节变化也大。冬季几乎无海生物附着，藤壶、牡蛎一般在在每年 6～9 月生长。

舟山站位于舟山本岛定海港西部螺头门岸段的隔壁山附近。舟山海岸属于东海北部海域，地处海岛又临近大陆，属热带南缘海洋性季风气候，具有低盐、混浊、泥沙含量大、海生物附着少等特定海区特点。海水环境因素只要特征如下：

（1）不正规半日潮，平均潮差 2.08m，平均最大潮差 3.96m，海水平均流速 25cm/s 左右。

（2）水温年较差较大，为 17.3℃，水温随季节变化比较显著，7～10 月水温最高，月平均水温 22.9～26.4℃，1～3 月水温最低，月平均水温 9.1～10.7℃。在海水腐蚀网站中，水温适中，年平均水温比青岛站高 3.6℃，比厦门站低 3.7℃。

（3）由于受长江和钱塘江径流的影响，海水盐度低，年平均盐度为 24.51‰。平均盐度比厦门站海水盐度低 2‰，是海水腐蚀网站中盐度最低的试验地点。

（4）泥砂含量大，每年泥砂量 500～800mL/L，因而海水透明度小，透明度小于 0.3m，是海水网站中含泥砂量最多、透明度最小的试验地点。

（5）由于海水透明度较低，海生物附着较少。

厦门海水试验站位于厦门市与鼓浪屿海峡之间，厦门海岸属于东海南部海域，南亚热带海洋气候。海水环境因素主要特征如下：

（1）年平均水温高，为 21.2℃，每年 7～9 月水温最高，可达 31℃。

（2）海水含盐度较低，年平均盐度为 26.5‰。厦门港位于九龙江口西面，涨潮时，海水从底层流入，盐度上升；退潮时，淡水从表层流入，使盐度下降。降水量、河口径流量、蒸发量对海水盐度影响较大，因而厦门站海水盐度随季节、年份不同变化较大。

（3）海生物一年四季生长。

（4）海水流速较大、一方面由于厦门港潮差大、潮流也大；另一方面，试验设施停放在厦门/鼓浪屿海峡中间，使海水流速增大。海水平均流速 20cm/s 左右。

三亚海洋环境试验站（原榆林海水腐蚀试验站）位于三亚市天涯镇红塘湾海滨，属于南海中部海域，为中热带海洋气候，极具我国南海海区的海洋环境特征，气温、水温高，季节温差小；日照时间长，阳光辐射强烈；海生物（含细菌）一年四季生长旺盛。海水环境因素主要特征如下：

（1）水温高、季节温差小，是 4 个网站中平均温度最高、季节温差最小的试验地点。年平均温度 27℃，5～9 月份水温较高，29℃左右；12 月至第二年 3 月水温较低，23℃左右。

（2）水质清澈，能见度为 1.6～2.7m，海生物一年四季生长旺盛，是本站环境因素的重要特点。

（3）潮汐为不正规半日潮，平均潮差 1.64m。无台风时，港内海水相对平静，流速较小，平均流速 1.4cm/s，涨潮时最大流速 16cm/s，是四个网站中潮差最小、流速最小的试验地点。

（4）海水溶解氧较低，年平均值为 4.58mL/L。由于本海域全年四季海水温差较小，盐度变化较小，海生物一年四季生长旺盛，因而全年含氧量比较稳定。

（5）海水盐度较高，年平均盐度 32.41‰，季节变化较小。

三亚站具备开展浅表海水、海洋大气等多种海洋环境试验的条件和能力。另外，由于国内唯一的深海试验站依托于三亚站，因此三亚站同时还具备开展深海环境试验的能力。

1.6　土壤腐蚀的主要环境影响因素

土壤的腐蚀性与土壤本身的参量，如电阻率、可溶性盐类、含水量、pH值、微生物、氧含量等以及它们之间的相互作用有关，还和外界环境的一些干扰因素如杂散电流等有关[1,3]。

1.6.1　电阻率

在影响土壤腐蚀性的诸多因素中，土壤电阻率是研究得最多的因素之一，经常被认为是表征土壤腐蚀性的参数。一般来说，土壤电阻率越小，土壤腐蚀性越强。表 1.10 是不同国家的土壤电阻率评价腐蚀性的标准。但是值得注意的是，也有些场合违反这一规律，即使在高电阻率的土壤中，微生物的存在、异种金属的耦合、氧浓差电池的存在也会导致严重的腐蚀。因为电阻率并不是影响土壤腐蚀的唯一因素[1,3]。

表 1.10　不同国家的土壤电阻率评价土壤腐蚀性的标准

土壤腐蚀程度	土壤电阻率/Ω·m					
	中国	美国	苏联	日本	法国	英国
低	＞50	＞50	＞100	＞60	＞30	＞100
较低				45～60		50～100
中等	20～50	20～45	20～100	20～45	15～25	23～50
较高			10～20	10～20		
高	＜20	7～10	5～10	＜20	5～15	9～23
特高		＜7.5	＜5		＜5	＜9

1.6.2　含水量

土壤含水量对金属材料在土壤中的腐蚀速率有较大的影响。通常土壤的腐蚀性随着含水量的增加而增加，直到达到某一临界含水量为止，再进一步提高含水量，土壤的腐蚀性将会降低。值得指出的是，不同的土壤临界含水量是不同的[1,3]。

1.6.3 氧化还原电位

氧化还原电位是一个反映土壤氧化还原程度的综合性指标。人们认为在氧化还原电位为 $-200mV_{SCE}$ 以下的厌氧条件下，腐蚀剧烈。美国 ANSI/AW-WAC105/A21.5 也持这一观点。但在厌氧条件下，不腐蚀的事例也不少。德国 DIN50929 标准已把氧化还原电位从评价指标中取消[1,3]。

1.6.4 pH 值

土壤的 pH 值代表了土壤的酸碱度。大部分土壤属中性范围，pH 值处于 6～8 之间，也有 pH 值为 8～10 的碱性土壤（如盐碱土）及 pH 值为 3～6 的酸性土壤（如沼泽土，腐殖土等）。普遍认为，在中、碱性土壤（pH 值在 5～9 范围内）中，pH 值对金属的腐蚀影响较小；而当在土壤中含有大量有机酸时，其 pH 值虽然接近于中性，但其腐蚀性仍然很强。在酸性土壤中（pH<4），碳钢腐蚀严重，随着土壤酸度增高，土壤腐蚀性增加。但也有学者认为，碳钢的腐蚀速率与土壤 pH 值之间找不到确定的关系。

由于自然土壤中所含的残存盐类大多溶解在地下水中或吸附在土壤的颗粒上，其中碱性盐类过多存在的碱性土壤，pH 值在 8.5 左右，这种土壤的腐蚀性尚无一定规律[1,3]。

1.6.5 孔隙度（透气性）

土壤的孔隙度与土壤的结构（土壤中无机物粒子在土壤中的分布）和有机物的组成与分布有很大关系。较大的孔隙度有利于氧渗透和水分传输，而它们都是腐蚀初始发生的促进因素。由于金属的表面状态及导致腐蚀的电池的不同，透气性好与坏均可能有两方面的作用。

透气性良好一般会加速微电池作用的腐蚀过程，但是透气性太大，易在金属表面生成具有保护能力的腐蚀产物层，阻碍金属的阳极溶解，使腐蚀速度减慢下来。透气性不良会使微电池作用的腐蚀减缓，但是当形成腐蚀宏电池时，由于氧浓差电池的作用，透气性差的区域将成为阳极而发生严重腐蚀。同时当透气性不良的土壤中存在微生物活动时，又由于厌氧微生物的作用产生微生物腐蚀[3]。

1.6.6 温度

随季节的更迭，土壤温度变化较大，温度同样也是影响腐蚀过程的一个主要因素。一方面金属在土壤中的腐蚀，在某些情况下是扩散过程控制的。而扩散速度与温度的关系十分密切。温度还影响到气体在土壤液相中的溶解度,这涉及氧对阴、阳极极化产生作用。温度还影响金属的电极电位,每相差 10℃,电极电位可改变几十毫伏。另外,土壤温度对土壤电阻率的影响是比较明显的,温度每相差 1℃,土壤电阻率约变化 2%[3]。

1.6.7 可溶性离子

土壤中一般含有硫酸盐、硝酸盐和氯化物等无机盐类。在土壤电解质中的阳离子一般是钾、钠、钙、镁等离子;阴离子是碳酸根、氯和硫酸根离子。土壤中盐含量大,土壤的电导率也增加,因而增加了土壤的腐蚀性。

土壤中不同种类的可溶性盐对腐蚀电极的影响也不尽相同,土壤中盐分对金属腐蚀的影响可以从两方面考虑:第一,其影响了土壤介质的导电性,盐分在土壤导电过程中起主导作用,是电解液的主要成分,含盐量越高,土壤电阻率越小,对于未受阴极保护的金属,其腐蚀速率将增加。但是某些离子则有相反的作用,如钙和镁离子会在金属表面上形成难溶的碳酸盐沉积,所以在富含石灰石和白云石的土壤中,在金属表面的石灰质沉积将降低金属的腐蚀速率;第二,溶解的盐离子还有可能参与金属的电化学反应,从而对土壤腐蚀性有一定的影响。此外含盐量还能影响到土壤溶液中氧的溶解度,含盐量越高,氧溶解度就越低,削弱了土壤腐蚀的阴极过程。

在土壤中除了 Ca、Mg 能在金属表面生成难溶盐从而阻碍腐蚀的进一步进行外,一般阳离子对金属材料的腐蚀影响不大。在各种阴离子中,Cl^- 是对腐蚀进程影响最大的一种阴离子。氯离子对土壤腐蚀有促进作用,所以在海边潮汐区或接近盐场的土壤,腐蚀性更强。相比于 Cl^-,硫酸根离子对金属的腐蚀作用表现得更加温和。但是硫酸盐会被厌氧的硫酸盐还原菌转变成为腐蚀性硫化物,对金属材料造成很大的腐蚀危害性[3]。

1.6.8 杂散电流

所谓杂散电流是指由原定的正常电路漏失而流入他处的电流,其主要来源是应用直流电大功率电气装置,如电气化铁道、电解及电镀槽、电焊机、电化学保护装置、大地磁场的扰动等。杂散电流可以是静态的(不变化的),也可以是动态的(变化的)。在很多情况下,杂散电流导致地下金属设施的严重腐蚀破坏。当杂散电流流过埋在土壤中的管道、电缆等时,在电流离开管线进入大地处的阳极端就会受到腐蚀,称之为杂散电流腐蚀。此外,交流电也会引起杂散电流腐蚀,但破坏要弱得多。频率为 60Hz 交流电的作用约为直流电的 1%[3]。

1.7　土壤腐蚀性的评价

对各种土壤的腐蚀性做出正确的评价具有重要的实际意义，土壤腐蚀性评估是埋地钢质管道腐蚀防护系统设计的主要依据之一。评价土壤腐蚀性最基本的方法是测量典型金属在土壤中的腐蚀失重（失重法）和最大点蚀深度。这两种方法能最直接、客观和比较准确地反应土壤的腐蚀性，同时还可以作为其他方法是否正确的依据。各国普遍采用这种方法积累材料的长期土壤腐蚀数据。但这种方法必须进行埋片试验，在试片埋入一定时间后开挖，才能得到结果。如全国土壤腐蚀试验网站根据碳钢在我国土壤的腐蚀情况制定了划分土壤腐蚀性分级标准，按照每年每平方分米的腐蚀失重或年平均深度划分为 5 级，见表 1.11[1,3]。

表 1.11　土壤腐蚀性分级

腐蚀等级	Ⅰ（优）	Ⅱ（良）	Ⅲ（中）	Ⅳ（可）	Ⅴ（劣）
腐蚀速率（$g \cdot dm^{-2} \cdot a^{-1}$）	<1	1～3	3～5	5～7	>7
最大腐蚀深度（$mm \cdot a^{-1}$）	<0.1	0.1～0.3	0.3～0.6	0.6～0.9	>0.9

为了快速评定土壤的腐蚀性，长期以来，研究者试图用土壤的某些理化性质作为评价指标，来评价土壤的腐蚀性。目前使用的有单项指标法和多项指标法。单项指标法是采用土壤的单一理化性质或电化学参数，如土壤电阻率、含水量、含盐量、pH 值、氧化还原电位、钢铁材料对地电位等评价和预测土壤的腐蚀性。单项指标虽然在有些情况下较为成功，但过于简单，经常会出现误判现象。实际上，由于土壤理化性质时常受到季节、气候、地理位置、排水、蒸发等多种因素的影响，造成土壤腐蚀性的主要影响因素可能完全不同。因此，国内外越来越多的研究者倾向于采用多项指标法综合评价土壤的腐蚀性，如美国的 ANSI A21.5 和德国的 DIN 50929 等系统处理方法[1,3]。

1）美国 ANSI A21.5 土壤腐蚀评价法

该方法先对土壤理化指标打分，然后进行腐蚀性等级评价。考虑的指标有：电阻率（基于管道深处的单电极或水饱和土壤盒测试结果）、pH 值、氧化还原电位、硫化物、湿度等。但是这种方法没有区分微观腐蚀和宏观腐蚀，而且只针对铸铁管在土壤中使用时是否需用聚乙烯保护膜，在其他情况下未必可行。

2）德国的 DIN 50929 土壤腐蚀评价法

DIN 50929 综合了与土壤腐蚀性有关的多项物理化学指标，包括土壤类型、土壤电阻率、含水量、pH 值、酸碱度、硫化物、中性盐（Cl^-、SO_4^{2-}）、硫酸盐（SO_4^{2-}、盐酸提取物等）、埋设试样处地下水的情况、水平方向土壤均匀状况、垂直方向土壤均匀性、材料/土壤电位等 12 项理化性质。评价方法是先把土壤各项理化性质指标评分，再根据分值评出土壤腐蚀性。这种方法具有一定的实用价值，得到国内外许多腐蚀工作者的肯定。但是，不同的土壤理化因素作用大小可能差别很大，同时考虑因素过多，在实际应用中很难收集齐全，而且有的因素测量也十分不便，实用中该法的评价结果也并不理想。

1.8 我国土壤环境试验站的环境特征

我国地域辽阔，有数十种土壤类型。砖红壤、赤红壤、红壤是南方脱硅富铝化作用明显的酸性土壤；黄棕壤分布在北亚热带地区，具有粘化和弱富铝化的特点，呈微酸性和中性；灰漠土发育于温带山前平原黄土母质上，有不明显的石灰、石膏淀积层，多数中、深位盐渍化，碱化普遍；盐土分布在东北、华北和宁夏一带，与非盐渍化土壤组合或与碱土伴生，呈花斑状，表层含盐量 1% 以上，多为氯化物、硫酸盐，其中碱化盐土苏打成分较高。此外，还有褐土、白浆土、黑钙土、草甸土、沼泽土和紫色土等。我国的土壤腐蚀试验网站 1959 年开始建设，土壤腐蚀站的环境因素与地理位置如表 1.12 所示。西部为古海底，现为含盐量极高的盐渍土壤，如库尔勒站和格尔木站，表现出很强的腐蚀性。分布于东南沿海一带的酸性土壤，如鹰潭站，对材料有很强的腐蚀性。黄河、海河入海口的海滨盐碱土壤，如大港站，对材料也有很强的腐蚀性。西北盐渍土壤、东南酸性土壤和海滨盐碱土壤对材料的腐蚀是最值得关注的[3]。

表 1.12　我国材料土壤环境腐蚀试验站的地理位置与环境特征

序号	试验站名	地理位置		土壤类型
		东经	北纬	
1	成都站	104°02′	30°24′	水稻土
2	鹰潭站	117°02′	28o08′	红壤
3	大港站	117o24′	38o48′	滨海土壤
4	大庆站	125o06′	46o22′	苏打盐土
5	库尔勒站	86o13′	41o24′	荒漠盐渍土
6	拉萨站	91°08′	29°40′	高山草甸土
7	格尔木站	94°33′	36°16′	盐渍土
8	沈阳站	123o26′	41o46′	草甸土
9	青岛站	120°18′	36°18′	潮土

参考文献

[1] 曹楚南. 中国材料的自然环境腐蚀 [M]. 北京：化学工业出版社，2005.

[2] 孙飞龙，蒋荃，刘婷婷，等. 建筑材料环境耐久性评价标准研究进展 [J]. 中国建材科技，2014，12：69-74.

[3] 李晓刚. 材料的腐蚀与防护 [M]. 长沙：中南大学出版社，2009.

[4] L. F. E. Jacques. Accelerated and outdoor/natural exposure testing of coatings [J]. Pro. Org. Coa, 2000，25：1337-1362.

[5] David R. Buaer. Melamine/Formaldehyde crosslinkers characterization, network formation and crosslink degradation [J]. Pro. Org. Coa, 1986，14：193-218.

[6] Jon R. Schoonover et al. Infrared linear dichroism study of a hydrolytically degraded poly (ester urethane) [J]. Polymer Degradation and Stability, 2001，74：87-96.

[7] E. Schutz, F. Berger, O. Dirckx, Study of degradation mechanisms of a paint coating during an artificial aging test [J]. Polymer Degradation and Stability, 1999，65：123-130.

[8] Perea D Y. Effect of thermal and hygroscopic history on physical aging of organic coatings [J]. Progress in Organic Coatings, 2002, 44 (1): 55-62.

[9] 徐永祥，严川伟，丁杰等. 紫外光对涂层的老化作用 [J]. 中国腐蚀与防护学报，2004，24 (3)：168-173.

[10] Masanori Hattori, Atsushi Nishikata, Tooru Tsuru. EIS study on degradation of polymer-coated steel under ultraviolet radiation [J]. Corrosion Science, 2010, 52 (6): 2080-2087.

[11] 陈卓元，被忽视的导致金属材料南海海洋大气腐蚀异常严重的"隐形杀手"——光照辐射，中国腐蚀与防护网 http://www.ecorr.org/news/industry/2017-07-06/166318.html.

[12] Vanessa de Freitas Cunha Lins, Flávia Medina Cury, Roberto Moreira. Infrared and Ultraviolet-Visible spectroscopy study of the degradation of polyester and polyester /ethylene methyl acrylate copolymer blend coatings on steel [J]. Journal of Applied Polymer Science, 2008, 109: 2103-2112.

[13] Davis G D, Shaw B A, Arah C O, et al. Effects of SO_2 deposition on painted steel surfaces [J]. Surface and interface Analysis, 1990, 15 (2): 101-112.

[14] ISO 9223—1992, Corrosion of metals and alloys - Corrosivity of atmospheres-Classification [S]

[15] ISO 9223-2012, Corrosion of metals and alloys - Corrosivity of atmospheres-Classification [S]

[16] Corvo F. Haces C, Betancourt N., et al., Atmospheric corrosivity in the Caribbean Aria [J]. Corrosion Science, 1997, 39 (5): 823-833.

[17] Veleva L., Pérez G., Acosta M., Statistical analysis of the temperature-humidity complex and time of wetness of a tropical climate in the Yucatán Peninsula in Mexico [J]. Atmospheric Environment. 1997, 31 (5): 773-776.

[18] J. Morales, Martin-Krijer S., Diaz F., et al., Atmospheric corrosion in subtropical areas: influences of time of wetness and deficiency of the ISO 9223 norm [J]. Corrosion Science, 2005, 47: 2005-2019.

[19] Morales J., Diaz F., Hernandez-Borges J., et al., Atmospheric corrosion in subtropical areas: Statistic study of the corrosion of zinc plates exposed to several atmospheres in the province of Santa Cruz de Tenerife (Canary Islands, Spain) [J]. Corrosion Science, 2007, 49: 526-541.

[20] Corvo F. Haces C, Betancourt N. , et al. , Atmospheric corrosivity in the Caribbean Aria [J] . Corrosion Science, 1997, 39 (5): 823-833.

[21] Veleva L. , Pérez G. , Acosta M. , Statistical analysis of the temperature-humidity complex and time of wetness of a tropical climate in the Yucatán Peninsula in Mexico [J] . Atmospheric Environment. 1997, 31 (5): 773-776.

[22] Morales J. , Martin-Krijer S. , Diaz F. , et al. , Atmospheric corrosion in subtropical areas: influences of time of wetness and deficiency of the ISO 9223 norm [J] . Corrosion Science, 2005, 47: 2005-2019.

[23] Morales J. , Diaz F. , Hernandez-Borges J. , et al. , Atmospheric corrosion in subtropical areas: Statistic study of the corrosion of zinc plates exposed to several atmospheres in the province of Santa Cruz de Tenerife (Canary Islands, Spain) [J] . Corrosion Science, 2007, 49: 526-541.

[24] ISO 9224-2012, Corrosion of metals and alloys - Corrosivity of atmospheres-Guiding values for the corrosivity categories [S] .

[25] King, G. A. , Duncan, J. R. , Some apparent limitations in using the ISO atmospheric corrosivity categories [J] . Corrosion &. Materials, 1998, 23 (1): 8-24.

[26] Townsend, H. E. , Outdoor and Indoor Atmospheric Corrosion [M], ASTM STP, 1421, Amer. Soc. Test. Mater, West Conshohocken, PA, USA, 2002: 48-58.

[27] Dean, S. W. , Hernandez-Duque Delgadillo, G. , Bushman, J. B. , Marine Corrosion in Tropical Environments [M], ASTM STP 1399, Amer. Soc. Test. Mater. , West Conshohocken, PA, USA, 2000: 18-27.

[28] Tidblad, J. , Mikhailov, A. A. , Kucera, V. , Acid deposition effects on materials in subtropical and tropical climates. Data compilation and temperate climate comparison, KI Report 2000: 8E, Swedish Corrosion Institute, Stockholm, Sweden, 2000: 33.

[29] ASTM G101, Standard guide for estimating the atmospheric corrosion resistance of low-alloy steels [S] .

[30] Townsend H. E. , The effects of alloying elements on the corrosion resistance of steel in industrial environments [C] . Proceedings of the Fourteenth International Corrosion Congress, Corrosion Institute of the South Africa, 1999.

[31] Townsend H. E. , Estimating the atmospheric corrosion resistance of weathering steels [C] . Outdoor Atmospheric Corrosion, PA, USA, 2002.

[32] Townsend H. E. , Effects of silicon and nickel contents on the atmospheric corrosion resistance of ASTM A500 weathering steel [C] . Atmospheric Corrosion, PA, USA, 1995.

[33] Coburn S. K. , Komp M. E. , Lore S. G. , Atmospheric corrosion rates of weathering steels test sites in the eastern United States-Affect of environment and test panel orientation [C] . Atmospheric Corrosion, PA, USA, 1995.

[34] Morcillo M. , Simancas J. , Feliu S. , Long-term atmospheric corrosion in Spain: results after 13-16 years of exposure and comparison with worldwide data [C] . Atmospheric Corrosion, PA, USA, 1995.

[35] Schumacher M. Sea water corrosion handbook [M] . New Jersey: Park Ridge, 1979.

第2章 海洋工程建设用建筑材料的环境腐蚀老化评价方法

环境对材料的腐蚀性和使用寿命的评价方法是基于各种环境腐蚀试验方法。材料腐蚀经过近百年的研究，其试验研究方法从现场暴露试验发展到室内加速腐蚀试验。现场暴露试验的目的是获得材料在自然环境下的腐蚀特征与数据，研究材料在不同环境下腐蚀的主要影响因素和规律，选择该环境下材料的合适防护措施，为制定室内加速腐蚀试验方法，提供对比数据，判定加速试验方法的可行性[1]。近年来，环境腐蚀试验方法与分析手段也逐渐向多元化发展，产生了大量有价值的试验研究方法，并形成了大量标准。本章针对材料在大气、海水和土壤环境中的试验方法，围绕室外暴露试验方法和室内加速试验方法展开介绍。

2.1 室外暴露试验方法

室外暴露试验的结果通常作为评价材料抗腐蚀性能优劣的一个重要指标，是研究环境腐蚀最常用的方法。它的优点是能够反映现场的实际情况，所得数据直观可靠，可以用来估算自然环境下材料的腐蚀寿命，为合理选材，有效设计和制定产品的防护标准提供依据。但它也存在许多难以克服的缺点：其中最主要是试验周期长，不能满足工艺生产的迫切需要；另外环境腐蚀因素具有复杂多样性的特点，现场暴露试验难以评估每个具体变量所起的作用，难以进行更为深刻的腐蚀机理的研究[2]。

2.1.1 大气室外暴露试验方法

所谓大气暴露试验就是将样品置于曝晒场的试架上，进行自然大气环境下的腐蚀试验，主要有直接暴露、自然环境加速和户内储存。目前普遍采用 ISO 和 ASTM 标准试验方法，例如 ISO 8565：1992、ISO 2810：2004、ISO 877：1994、ASTM G4—01、ASTM G7—97、ASTM G50—97、ASTM G92—97 等[3-9]。GB/T 14165—2008《金属和合金 大气腐蚀试验 现场试验的一般要求》、GB/T 9276—1996《涂层自然暴露试验方法》和 GB/T 3681—2011《塑料 自然日光气候老化、玻璃过滤后日光气候老化和菲涅耳镜加速日光气候老化的暴露试验方法》分别规定了金属及其合金、涂层和塑料的自然暴露试验方法[10-12]，全部等同采用国际标准。JC/T 2229—2014 规定了针对建筑用金属及金属复合材料的大气暴露试验方法[13]。大气暴露试验方法标准均规定试验场的位置应代表材料预期的使用环境，并对试验场的周边环境进行了详细规范，如暴露场地应平坦、空旷、不积水、草高不应超过 0.3m 等。为了进一步评价腐蚀测量结果，需要描述试验场的大气条件。表征大气条件的环境数据包括：气温、大气相对湿度、沉降量、日照强度和持续时间、二氧化硫沉降率和氯化物沉降率等。由于暴露（尤其是短期暴露）试验的结果会随投试季节改变，因此 GB/T 14165—2008 建议在金属材料腐蚀性最高的时期（通常为秋季或春季）开始暴露；GB/T 9276—1996 标准规定当暴露周期少于一年时，若需获得产品的完整特性，则应在六个月后对该样板进行一次重复试验，暴露投试季节推荐春末夏初。对于暴露周期的规定，GB/T 14165—2008 和 GB/T 9276—1996 规定以时间为间隔。而由于塑料对紫外辐射比较敏感，GB/T 3681—2011 规定暴露周期可以是给定的一段时间间隔，也可以用给定的太阳总辐射量或太阳紫外辐射量表示。太阳辐射量中的紫外光含量具有季节依赖性。与夏季试验相比，冬季试验需要更长的暴露期以获得与其等量的紫外辐射能量和等水平的降解。因此，对于塑料产品，规定太阳辐射量的测试优于简单规定暴露时间的测试。

自然环境加速试验方法是在自然环境条件下，通过适当强化某些自然环境因素，从而达到加速产品或材料性能劣化的目的，这种试验方法具有真实、可靠和试验周期短的优点[14]。GB/T 3681—2011 即规定了菲涅耳镜加速日光老化暴露方法。要求试验场地最好在干燥、阳光充足即年日照时间大于或等于 3500h 的气候下使用，且试验场地年相对湿度的日平均值小于 30%。为获得加速老化的最佳水平，用此方法进行增强太阳辐射试验，要求直接辐射度至少为太阳总辐照度的 80%。ASTM G24—13《玻璃过滤的日光暴露试验标准方法》和 ASTM D4141—14《黑箱及太阳集中曝晒涂层的实施规程》规定了黑箱暴露试验方法。两个标准中的试验方法大体相同，以 ASTM G24—13 为例，此标准规定了两种箱体内暴露方法[15]：

方法 A：暴露试验在玻璃箱中进行，以保护试样免受雨水及其他气候影响，箱体应在后面或侧面开孔，使箱体与外界大气相通。

方法 B：暴露试验在玻璃盖下的黑箱内进行，箱体与外界大气不相通。

此种暴露试验方法对玻璃透射率有要求，且箱体须有三个月的预老化期。

2.1.2　天然海水暴露试验方法

海水环境暴露主要包括在天然海水中全浸、潮差和飞溅条件下的腐蚀试验方法。ISO 11306—1998 和 GB/T 5776—2005《金属和合金的腐蚀金属和合金在表层海水中暴露和评定的导则》规定了金属和合金在表层海水中暴露所遵循的条件和方法，以便对不同地点的暴露做有意义的比较，适用的暴露范围从水平面以上潮湿的重要区带（飞溅区和潮差区）到水平面以下与表面海水组成相近的深度。JB/T 8424—1996《金属覆盖层和有机涂层天然海水腐蚀试验方法》规定了金属覆盖层和有机涂层在天然海水中全浸、潮差和飞溅条件下的腐蚀试验方法。两个标准均规定试验地点应选择典型的天然海水环境，除非为了确定由污染引起的腐蚀，试验地点的海水应洁净、无污染。并应进行主要海水参数的观测和记录，包括海水温度、含盐量、导电率、pH 值、溶解氧浓度、海水流速、海水中污染物种类和含量，以及主要海生物种类；对于潮差、飞溅条件下的暴露，还应测量大气温度、湿度、日照时间和强度、风向、风速、大气污染物等因素。对于不同区带的环境试验，规定了不同的试验要求[16-17]：

（1）全浸试验

对于固定式装置，试样距海底不小于 0.8m，距最低潮位时的水面不小于 0.2m。对于浮动式装置，试样距水面不小于 0.2m。

（2）潮差试验

试样处于平均中潮位±0.3m。

（3）飞溅试验

飞溅区试样应挂在试验设施上的腐蚀最严酷区域（该区域可由金属试样挂片腐蚀速度来确定），应有太阳的照射。

2.1.3 土壤室外现场埋设试验方法

土壤室外现场埋设试验是指在选取的土壤环境中，埋设所要研究的材料及制品，然后按一定埋设周期挖掘，确定试件的腐蚀形态、腐蚀产物及腐蚀速率。在试验过程中还需定期测取土壤的物理、化学参数，记录气候数据，以及相应的电化学测量结果，以便建立材料、环境因素和腐蚀速度之间的相互关系。这是一种简单也是最可靠的确定土壤中金属腐蚀的方法，是土壤腐蚀试验中的基本方法。土壤室外现场埋设试验一般包括小试片试验和长尺寸试件试验。小试片试验所获得的土壤腐蚀试验结果一般可以代表某种材料在所埋设的土壤中的腐蚀情况。但是对于延伸相当距离（或深度）的大型埋地金属结构，由于土壤本身的不均匀性引起充气差异电池和其他不均匀电池的作用，在金属表面形成宏电池腐蚀，应该选用长尺寸试件试验[18]。

国家材料环境腐蚀站网编制的《材料土壤腐蚀试验规程》规定，在试验站或埋藏点范围内不应建设其他建筑物等，推荐试验周期为 1、2、4、8、12、16、24、36 和 50 年。试件应按编号顺序排列，一般情况下，同一批取出的试件应尽量放在一起，便于取出。挖坑时，挖出的土应按土壤层次分层放置，回填时按原土层顺序回填，并分层夯实（每层 30cm），力求回填土的厚度和密实度与原土相同。埋藏深度应同当地实际地下构筑物埋藏深度相适应，其中，钢筋混凝土在干湿交替区腐蚀最严重，应埋在地下水位变化区，电缆、光缆的实际埋藏深度宜为 1.0～1.2m。在不同深度埋藏时，不宜在同一垂直面上互相重叠；除特殊规定外，管状试件一般水平放，板状试件垂直立放（长边着地）。电位序相差很大的金属试件，埋在土壤中的距离不宜太近以防止产生电位差而引起腐蚀。试件取出后，将试坑填平，力求与原来坑相同[19]。

2.2 室内加速腐蚀试验方法

近年来，国内外都在开展模拟自然环境的加速试验方法，探索室内的短期加速腐蚀试验结果和户外长期暴露试验结果的相关性，以尽快获得试验结果，进行材料、制品、防护层的腐蚀寿命预测。目前，主要采用的室内加速腐蚀试验方法包括湿热试验、盐雾试验、周浸试验、各种人工气候老化试验以及综合环境加速腐蚀试验等。

2.2.1 湿热试验

材料的大气腐蚀与环境的温度、湿度有直接的关系，目前广泛使用湿热试验作为室内大气腐蚀加速试验，对于模拟湿热地区的大气腐蚀具有一定的适用性。湿热试验方法分为恒定湿热试验和交变湿热试验两种。在此基础上还通入腐蚀性气体（SO_2、H_2S、CO_2 等）进行模拟腐蚀性气体的腐蚀试验。GB/T 1740—2007《漆膜耐湿热测定法》设定试验温度为 47±1℃，相对湿度（96±2）%[20]。为了更好地模拟材料在含污染性气体环境下的腐蚀，JIS H 8502：1999 规定了 4 种污染气体腐蚀试验：二氧化硫气体试验、硫化氢气体试验、氯气试验、混合污染气（H_2S/SO_2、SO_2/NO_2、$H_2S/SO_2/Cl_2$）试验。分别在温度为 40℃，相对湿度为 80% 的条件下，通入不同种类不同浓度的污染气体[21]进行试验。

2.2.2 盐雾试验

盐雾试验是通过人工模拟海洋环境条件来考核产品或材料耐腐蚀性能的室内加速腐蚀试验，是目前应用最广泛的室内加速腐蚀试验之一。GB/T 10125—2012 和 ISO 9227：2006 规定了中性盐雾（NSS）、乙酸盐雾（AASS）和铜加速乙酸盐雾（CASS）的试验方法[22-23]。中性盐雾（50g/L±5g/L NaCl 溶液，pH

6.5～7.2）试验适用于金属及其合金、金属覆盖层、转化膜、阳极氧化膜、金属基体上的有机涂层等。乙酸盐雾（50g/L±5g/L NaCl 溶液，乙酸调 pH 3.1～3.3）和铜加速乙酸盐雾（50g/L±5g/L NaCl 溶液＋0.26 g/L±0.02g/L CuCl$_2$·2H$_2$O，乙酸调 pH 3.1～3.3）试验适用于铜＋镍＋铬或镍＋铬装饰性镀层，也适用于铝的阳极氧化膜。对于有机涂层样板，进行盐雾试验时要划透过涂层至底材的直线。如果是铝板底材，应使用两条相互垂直但不交叉的划痕，一条与铝板轧制方向平行，而另一条与铝板轧制方向垂直。

尽管恒定盐雾试验已被普遍认可，但其对大气暴露的模拟性不好，主要原因是盐雾试验不具有"润湿-干燥"循环过程，而在自然大气条件下，试样上由雨、雾等形成的液膜有一个由厚变薄、由湿变干的周期性循环过程。因此提出了带有干燥过程并周期性地盐水喷雾的循环盐雾试验。与恒定盐雾试验相比，这种方法可更好地模拟和加速大气腐蚀。GB/T 20853—2007、ISO 16701：2003、GB/T 20854—2007 和 ISO 14993：2001 分别规定了不同的干湿循环盐雾试验方法，在中性盐雾试验的基础上增加了干湿循环步骤[24-27]。ASTM G85—2009 也规定了两种循环盐雾试验方法。一种是稀释电解液循环盐雾试验：类似于以上标准规定的干湿循环盐雾试验，最大的不同是溶液为 0.05％ NaCl＋0.25％硫酸铵，远稀于常规盐雾，适用于评价涂层产品。另一种是循环乙酸盐雾试验，在乙酸盐雾试验的基础上增加了干湿循环步骤[28]。JIS G 0594：2004 和 ISO 16151：2002 包括两种方法，一种是酸性盐雾干湿循环试验（方法 B），一种是中性盐雾干湿循环试验（方法 C）。与普通的中性盐雾试验相比能够更好地模拟大气环境。适用于评价具有锌、锌铝合金或铝合金镀层的钢基材料。方法 B 的溶液为人工海水用摩尔比为 0.4 的 HNO$_3$/H$_2$SO$_4$ 混合酸溶液调节 pH 为 2.5±0.1。方法 C 的溶液为 1g/L±0.1g/L NaCl 溶液，pH 为 6.0～7.0[29-30]。

为了更好地模拟材料在含污染性气体环境下的腐蚀，ASTM G85—2009 规定了盐/SO$_2$ 喷雾试验[31]。SO$_2$ 以气体的形式直接通入箱体，SO$_2$ 气体流量为 35cm^3/min·m^3。可采用连续喷雾过程中间歇性通入 SO$_2$ 气体（每 6h 一次，一次持续 1h）或 1/2h 喷雾＋1/2h 通 SO$_2$ 气体＋2h 高湿的循环。GB/T 9789—2008 和 ISO 6988：1985 则规定每 24h 一次性通入 0.2L SO$_2$ 气体[32-33]。

ASTM D 5894—2005 在喷雾-干燥试验的基础上引入了紫外线和夜间凝露对材料腐蚀的影响，更真实地模拟了自然环境暴露试验[34]。具体实验循环为一周的紫外/冷凝试验（60℃下 UVA-340 紫外照射 4h＋50℃下冷凝 4h）＋一周的循环盐雾/干燥试验（0.05％ NaCl＋0.35％硫酸铵溶液喷雾 1h＋35℃下干燥 1h）。从 1939 年 ASTM B117 标准的提出到现在，盐雾试验已有 60 多年的历史。从恒定盐雾试验到之后的喷雾-干燥试验、循环腐蚀试验和盐雾/紫外线循环试验等的试验发展历程来看，试验工作者和标准制定者越来越多地关注到室内加速试验和自然暴露试验的相关性。今后的盐雾试验方向也将向着更多因素影响的综合试验发展。

2.2.3 周浸试验

在研究周期喷雾腐蚀试验的同时，许多研究者还开展了周期浸润试验研究。这种方法可以通过改变浸泡溶液来模拟不同的腐蚀环境。如浸入蒸馏水、NaHSO₃ 或 NaCl 溶液分别用来模拟加速乡村气氛、工业气氛或海洋气氛下的大气腐蚀情况。此方法抓住了大气腐蚀的特征-干湿交替，与室外数据相比具有较好的相关性。GB/T 19746—2005 和 ISO 11130：1999 适用于金属及其合金、金属覆盖层、转化膜、阳极氧化膜和金属表面的有机涂层[35-36]。暴露周期包括 10min 的浸渍和 50min 的干燥，溶液温度为（25±2）℃。建议溶液每隔 168h 或其 pH 值相对于原值变化了 0.3 以上时进行更换，并规定了模拟含盐除冰液、模拟酸性盐溶液和模拟海水腐蚀的试验溶液。

2.2.4 碳化试验

大气区环境中存在的 CO_2 将导致海洋工程钢筋混凝土发生腐蚀破坏，主要是由于碳化反应促使混凝土中 pH 值下降并引起钢筋锈蚀。对混凝土碳化起作用的环境介质包括[37]：

（1）CO_2 的浓度：大气中 CO_2 含量越高则碳化速度越快；

（2）空气介质的温度：混凝土在炎热的气候条件下的碳化速度比在温和气候中块，温度在 0℃ 以下谈话基本停止；

（3）空气相对湿度：空气相对湿度在 50%～70% 时碳化速度最快，空气相对湿度子啊 100% 时碳化停止；

（4）混凝土的应力状态：拉应力越大，碳化速度越快，压应力越大，碳化速度越慢；

（5）外界风压：风压会加速混凝土的碳化，风的漩涡及交替风压均会加速混凝土的碳化。

为了模拟 CO_2 对钢筋混凝土的腐蚀破坏，GB/T 50082—2009《普通混凝土长期性能和耐久性能　试验方法标准》中规定了钢筋混凝土的碳化腐蚀试验，控制温度在（20±2）℃、相对湿度（70±5）%、CO_2 浓度（20±3）% 条件下进行试验，并测试不同时间后的混凝土碳化深度和钢筋锈蚀程度进行评价[38]。

2.2.5 人工气候老化试验

人工气候老化试验是在实验室模拟户外气候条件进行的加速老化试验，通常采用气候老化试验箱，该装置采用氙弧灯、紫外荧光灯或碳弧灯照射模拟日光的紫外线照射，周期性地向试样喷洒水、盐溶液来模拟降水和盐粒子的作用。

自然气候中，太阳光辐射被认为是高分子材料老化的主要原因，窗玻璃下的暴露辐射原理相同。因此，对于人工气候老化和人工暴露辐射而言，模拟太阳光辐射至关重要。氙弧辐射源经过两种不同的光过滤系统来改变其产生的辐射光谱分布，分别模拟太阳辐射的紫外和可见光的光谱分布（方法 A）以及模拟 3mm 厚窗玻璃滤过后太阳辐射的紫外和可见光的光谱分布（方法 B）。方法 A 用于模拟人工气候老化，一般是 102min 辐照、18min 喷淋，不同标准规定了不同的试验辐照量、温度和相对湿度。方法 B 用于模拟窗玻璃下的暴露辐射，试验为连续辐照，不同标准规定了不同的试验辐照量、温度和相对湿度[39-42]。

荧光紫外灯分为Ⅰ型荧光紫外灯（UVA 灯）和Ⅱ型荧光紫外灯（UVB 灯）。Ⅰ型荧光紫外灯有多种不同的辐射光谱分布可供选择，通常区分为 UVA340、UVA351、UVA355 和 UVA365，名称数字表示发射峰的特征波长。Ⅱ型荧光紫外灯具有接近 313nm 汞线的峰值，在日光截止波长 300nm 以下有大量的辐射，可引起材料在户外不发生的老化。Type 1A UVA340，Type 1B UVA351，Type 2 UVB313，Type 1A UVA340 及其组合灯可用于模拟日光中的 UV 部分，Type 1B UVA-351 可用于模拟日光通过玻璃的 UV 部分。荧光紫外灯老化试验一般分为三种：第一种采用 UVA340 或组合灯进行辐照/冷凝或辐照/喷淋/冷凝或辐照/喷淋循环试验模拟人工气候；第一种采用 UVA351 灯进行连续辐照试验模拟窗玻璃下的暴露辐射；第 3 种采用 UVB313 灯进行辐照/冷凝循环试验。不同的标准规定了不同的试验循环步骤、辐照量、温度和相对湿度[43-48]。

碳弧灯试验规定了以开放式碳弧灯为光源，模拟和强化自然气候中光、热、空气、温度、湿度和降雨量等主要因素的人工气候加速老化试验方法。一般黑板温度（63±3)℃，相对湿度（50±5)%，喷水时间/不喷水时间 18min/102min 或 12min/48min。也可选用暗周期循环暴露程序，在试验箱内有较高的相对湿度，并在表面形成凝露[49-51]。

2.2.6 综合环境加速腐蚀老化试验

随着工业的发展，材料面临的应用环境越来越复杂多样，例如海南的高温高湿高盐强辐照、吐鲁番的干热昼夜温差大等。常规的材料环境试验方法很难真实反应建筑材料及构件在实际使用环境条件下的失效情况。因此应从综合环境试验方法的角度出发开展研究，制订多因素协同作用下的综合环境模拟试验方法标准。上文提到的 ASTM D5894 即综合了循环盐雾试验（ASTM G85—2009）和 QUV 紫外光老化（ASTM G 154—2006）两种试验方法，可以更有效地对材料性能进行评估。而 ISO 11997-2—2013 在此基础上鼓励用户进行更多的创新性选择，如氙灯辐照＋循环盐雾等[52]。ISO 20340—2009 充分考虑了海上用结构涂层的实际暴露环境，采用了持续一周（168h）的暴露循环：先进行 72h 紫外辐照［采用 ISO 11507：1997 中的方法 A，即 4h 紫外线照射（60±3）℃＋4h 冷凝（50±3）℃交替进行］，而后进行 72h 盐雾试验（采用 ISO 9227：2006 中任一种，包括循环盐雾试验），最后加 24h 低温暴露试验，温度为（－20±2）℃[53]。标准中的综合腐蚀试验方法能够更好地模拟该行业涂料的实际使用环境。为了更好地评价建筑材料及构件在我国典型环境下的性能变化，蒋荃等人制定了 JC/T 2295—2014《建筑材料及构件复合环境试验 人工光源辐照-冷冻循环试验方法》、JC/T 2296—2014《建筑材料及构件复合环境试验 人工光源辐照-湿热试验方法》和 JC/T 2297—2014《建筑材料及构件复合环境试验 人工光源辐照-雨雪冰冻试验方法》。其中 JC/T 2295 用于评价在我国寒冷、寒温、干热地区使用的建筑材料及构件在太阳辐照和冷冻交替的条件下的使用、贮存与运输过程中的性能变化；JC/T 2296 用于评价在我国湿热、亚湿热地区使用的建筑材料及构件在使用、贮存与运输过程中的性能变化；JC/T 2297 用于评价在我国冬季有冻雨地区使用的建筑材料及构件在太阳辐照并伴有降雨及冰冻条件下的使用、贮存与运输过程中的性能和变化[54-56]。

2.2.7　土壤腐蚀加速试验

目前，常用的土壤腐蚀加速试验方法包括：强化介质法、电偶加速法、电解失重法、间断极化法、干湿交替法和环境加速法。其中，强化介质的土壤腐蚀加速实验方法是通过改变土壤介质的理化性质（如加入 Cl^-、SO_4^{2-}、Fe^{2+}、CO_2、空气等）来改变土壤腐蚀性，加速材料在土壤中的腐蚀。这种方法的优点是无外加电场影响，土壤溶液中的离子浓度基本可控。但此方法的局限性在于离子浓度的提高改变了土壤的理化性质，增大腐蚀速率的同时其腐蚀机理、腐蚀产物等也会产生变化。电偶加速法、电解失重法和间断极化法是通过在试件上施加电压或电流增大其腐蚀速率，从而在短时间内得到较大加速比的土壤腐蚀试验方法。但这几种方法的腐蚀条件和腐蚀形貌与实际情况差异较大，试验主要考虑了宏电池的作用，忽略了腐蚀微电池的作用，因此只能作为半定量研究。环境加速法采用研制的土壤加速腐蚀试验箱，利用实际土壤，不引入其他离子，采用控制试验土壤的含水量、适当通入空气，进行冷热交替和干湿交替来加速材料在土壤中的腐蚀。该方法没有改变土壤的性质，也不是在外力强制作用下进行，模拟了自然条件下季节的温度变化和昼夜更迭，用时还包括了土壤干裂后或强对流天气引起的空气扩散加速的作用，与现场埋样的相关性较好[57]。

2.3　腐蚀老化评级

样板在自然大气中动态或静态条件下暴露或经过加速试验后的腐蚀状态的评价需要按照相应的腐蚀老化评级标准进行。GB/T 6461—2002 和 ISO 10289：1999 针对金属及其无机覆盖层经腐蚀试验后进行评级[58-59]，规定用下列指标分别予以评价：与基体金属腐蚀相关的保护等级（R_P）；与覆盖层破坏相关的外观等级（R_A）。保护评级（R_P）根据基体出现腐蚀的面积确定，计算公式如下：

$$R_P = 3（2 - \log A） \tag{2-1}$$

式中：R_P 化整到最接近的整数，A 为基体金属腐蚀所占总面积的百分数。

外观评级（R_A）首先确定缺陷类型，包括颜色变化、点蚀、剥落、鼓泡、开裂等 10 种缺陷；然后根据覆盖层产生缺陷的面积确定外观等级并对破坏程度进行主观评价，包括 vs＝非常轻度、s＝轻度、m＝中度和 x＝重度 4 种。性能评级表示为保护评级（R_P）后接斜线再接外观评级（R_A）的组合（R_P/ R_A）。例如，试样出现超过总面积 0.1％的基体金属腐蚀和试样的剩余表面出现超过该面积的 20％的中度斑点：9/2mA。

GB/T 1766—2008《色漆和清漆　涂层老化的评级方法》规定了涂层老化的评级通则、老化单项指标的评级方法及装饰性涂层和保护性涂层老化的综合评级方法[60]。单项评定等级包括：失光、变色、粉化、开裂、起泡、生锈、剥落、长霉、斑点、泛金、沾污等级。按照老化试验过程中出现的单项破坏等级评定漆膜老化的综合等级，分 0、1、2、3、4、5 六个等级，分别代表漆膜耐老化性能的优、良、中、可、差、劣。而 ISO 4628 不仅对老化等级进行了评定，而且对单项等级还给出了图例说明[61]。

参考文献

［1］李晓刚，董超芳，肖葵，等．金属大气腐蚀初期行为与机理［M］．北京：科学出版社，2009：14-20.

［2］唐伦科．自然暴露试验与加速腐蚀试验的相关性及防蚀设计研究［D］．重庆：重庆大学，2006 年

［3］ISO 8565：1992，Metals and alloys-Atmospheric corrosion testing-General requirements for field test［S］.

［4］ISO 2810：2004，Paints and varnishes-Natural weathering of coatings-Exposure and assessment［S］.

［5］ISO 877：1994，Plastics-Methods of exposure to direct weathering，to weathering using glass-Filtered daylight，and to intensified weathering by daylight using Fresnel mirrors second edition［S］.

［6］ASTM G4—01，Standard Guide for Conducting Corrosion Tests in Field Applications［S］.

［7］ASTM G7—97，Standard Practice for Atmospheric Environmental Exposure Testing of Nonmetallic Materials［S］.

［8］ASTM G50—97，Standard Practice for Conducting Atmospheric Corrosion Tests on Metals［S］.

［9］ASTM G92—97，Standard Practice for Characterization of Atmospheric Test Sites［S］.

［10］GB/T 14165—2008，金属和合金 大气腐蚀试验 现场试验的一般要求［S］.

［11］GB/T 9276—1996，涂层自然暴露试验方法［S］.

［12］GB/T 3681—2011，塑料 自然日光气候老化、玻璃过滤后日光气候老化和菲涅耳镜加速日光气候老化的暴露试验方法［S］.

［13］JC/T 2229—2014，建筑用金属及金属复合材料大气暴晒试验方法［S］.

［14］何德洪、肖敏、周漪，等．黑箱加速大气暴露环境试验热强化效应和相关性研究［J］，装备环境工程，2010，7（2）：43-47.

［15］ASTM G24—13，Standard Practice for Conducting Exposures to Daylight Filtered Through Glass［S］.

［16］GB/T 5776—2005，金属和合金的腐蚀 金属和合金在表层海水中暴露和评定的导则［S］.

［17］JB/T 8424—1996，金属覆盖层和有机涂层天然海水腐蚀试验方法［S］.

［18］李晓刚．材料的腐蚀与防护［M］．长沙：中南大学出版社，2009.

［19］国家材料环境腐蚀站网，材料土壤腐蚀试验规程［S］，2008.

［20］GB/T 1740—2007，漆膜耐湿热测定法［S］.

［21］JIS H 8502：1999，Methods of corrosion resistance test for metallic coatings［S］.

［22］GB/T 10125—2012，人造气氛腐蚀试验 盐雾试验［S］.

［23］ISO 9227：2006，Corrosion tests in artificial atmospheres-Salt spray tests［S］.

［24］GB/T 20853—2007，金属和合金的腐蚀 人造大气中的腐蚀 暴露于间歇喷洒盐溶液和潮湿循环受控条件下的加速腐蚀试验［S］.

［25］ISO 16701：2003，Corrosion of metals and alloys—Corrosion in artificial atmosphere—Accelerated corrosion test involving exposure under controlled conditions of humidity cycling and intermittent spraying of a salt solution［S］.

［26］GB/T 20854—2007，金属和合金的腐蚀 循环暴露在盐雾、"干"和"湿"条件下的加速试验［S］.

［27］ISO 14993：2001，Corrosion of Metals and Alloys - Accelerated Testing Involving Cyclic Exposure to Salt Mist，"Dry" and"Wet" Conditions First Edition［S］.

［28］ASTM G85—2009，Standard practice for modified salt spray (fog) testing［S］.

［29］JIS G 0594：2004，Methods of accelerated cyclic corrosion resistance tests for anodic coatings with exposure to salt spray，dry and wet conditions［S］.

［30］ISO 16151：2002，Corrosion of metals and alloys-Accelerated cyclic tests with exposure to salt spray，'dry' and 'wet' conditions［S］.

［31］ASTM G85—2009，Standard practice for modified salt spray (fog) testing［S］.

［32］GB/T 9789—2008，金属和其他无机覆盖层 通常凝露条件下的二氧化硫腐蚀试验［S］.

［33］ISO 6988：1985，Metallic and other non-organic coatings-Sulfur dioxide test with general condensation of moisture［S］.

［34］ASTM D 5894—2005，Standard Practice for Cyclic Salt Fog UV Exposure of Painted Metal［S］.

［35］GB/T 19746—2005，金属和合金的腐蚀 盐溶液周浸试验［S］.

［36］ISO 11130：1999，Corrosion of Metals and Alloys - Alternate Immersion Test in Salt Solution First Edition［S］.

［37］侯保荣，等．海洋钢筋混凝土腐蚀与修复补强技术［M］．北京：科学出版社，2012：40-47.

［38］GB/T 50082—2009，普通混凝土长期性能和耐久性能 试验方法标准［S］.

［39］GB/T 16422.2—1999，塑料实验室光源暴露试验方法 第2部分：氙弧灯［S］.

[40] ISO 4892—2：2006，Plastics Methods of exposure to laboratory light sources Part 2：Xenon-arc lamps Second Edition [S].

[41] GB/T 1865—2009，色漆和清漆 人工老化和人工辐射暴露 滤过的氙弧辐射 [S].

[42] GB/T 16259—2008，建筑材料人工气候加速老化试验方法 [S].

[43] GB/T 16422.3—1997，塑料实验室光源暴露试验方法 第 3 部分：荧光紫外灯 [S].

[44] ISO 4892—3：2006，Plastics Methods of exposure to laboratory light sources Part 3：Fluorescent UV lamps Second Edition [S].

[45] GB/T 23987—2009，色漆和清漆 涂层的人工气候老化暴露 暴露于荧光紫外线和水 [S].

[46] ISO 11507：2007，paints and varnishes-Exposure of coatings to artificial weathering-Exposure to fluorescent UV lamps and water [S].

[47] GB/T 14522—2008，机械工业产品用塑料、涂料、橡胶涂料人工气候老化试验方法 荧光紫外灯 [S].

[48] GB/T 16585—1996，硫化橡胶人工气候老化（荧光紫外灯）试验方法 [S].

[49] GB/T 16422.4—1996，塑料实验室光源暴露试验方法 第 4 部分：开放式碳弧灯 [S].

[50] ISO 4892—4：1994，Plastics Methods of exposure to laboratory light sources Part 4：Open-flame carbon-arc lamps [S].

[51] GB/T 15255—1994，硫化橡胶人工气候老化（碳弧灯）试验方法 [S].

[52] ISO 11997—2：2013，Paints and varnishes — Determination of resistance to cyclic corrosion conditions Part 2：Wet (salt fog) /dry/humidity/UV light [S].

[53] ISO 20340：2009，Paints and varnishes-Performance requirements for protective paint systems for off shore and related structures [S].

[54] JC/T 2295—2014，建筑材料及构件复合环境试验 人工光源辐照-冷冻循环试验方法 [S].

[55] JC/T 2296—2014，建筑材料及构件复合环境试验 人工光源辐照-湿热试验方法 [S].

[56] JC/T 2297—2014，建筑材料及构件复合环境试验 人工光源辐照-雨雪冰冻试验方法 [S].

[57] 董超芳，李晓刚，武俊伟，等．土壤腐蚀实验研究与数据处理 [J]．腐蚀科学与防护技术，2003，15（3）：154-160.

[58] GB/T 6461—2002，金属基体上金属和其他无机覆盖层经腐蚀试验后的试样和试件的评级 [S].

[59] ISO 10289：1999，Methods for Corrosion Testing of Metallic and Other Inorganic Coatings on Metallic Substrates - Rating of Test Specimens and Manufactured Articles Subjected to Corrosion Tests [S].

[60] GB/T 1766—2008，色漆和清漆 涂层老化的评级方法 [S]

[61] ISO 4628，Paints and varnishes-Evaluation of degradation of coatings-Designation of quality and size of defects，and of intensity of uniform changes in appearance [S].

第 3 章　建筑防护涂层在海滨
环境下的腐蚀老化行为研究

3.1　引　　言

一般建筑设计寿命为 50 年，大型重要建筑的设计耐久年限通常在 100 年以上，这对建筑材料的耐候性提出了很高的要求。随着我国建筑行业的迅速发展，建筑防护涂层大量应用于大型公共及民用建筑工程中。涂层兼具装饰性与保护性，在大气、特别是污染大气环境中逐渐老化，经日晒、雨淋、凝露、大气污染物等因素的反复作用，逐渐老化，产生失光、变色、粉化、开裂、脱落等而影响性能与外观，除自身材料的性能逐渐丧失，同时也丧失对基体的保护和装饰作用[1-2]。因此，有必要对建筑防护涂层的耐久性进行研究，尽可能使涂层与建筑主体结构功能寿命匹配，减少维护费用。

建筑防护涂层种类繁多，所使用的涂料按种类可分为聚酯、聚氨酯、丙烯酸、氟碳等。涂层加工工艺复杂，所用颜料、填料、助剂不尽相同，涂覆于不同的基材上，导致所形成的涂层体系复杂[3]，耐久性年限从 1 年、2 年到 15 年，甚至更长。而我国幅员辽阔、气候差异大，结合经济适用性考虑，不同气候地域所需涂层的耐久性能各异，在提倡节能减排、绿色建筑的今天，如何评价涂层的耐久性、并选择合适的涂层用于适用的地区成为人们关注的焦点。

本章选用典型的金属基防护涂层和水泥基防护涂层为研究对象，进行自然环境（琼海、三亚）暴露试验，研究其在海滨环境下的腐蚀行为和环境适应性。

3.2　金属基防护涂层在海滨环境下的腐蚀老化行为研究

选用不同颜色和不同厚度的聚酯涂层金属板和氟碳涂层金属板（表 3.1），研究其在海南琼海或三亚自然环境下的腐蚀老化行为规律。

表 3.1 金属涂层板样品种类

编号	涂装工艺	涂装道数	面漆类型	平均膜厚/μm	颜色
1	辊涂	2	聚酯	28	蓝
2	辊涂	2	聚酯	31	灰
3	辊涂	2	聚酯	29	银
4	粉末喷涂	—	高耐候复合涂层	78	米白
5	粉末喷涂	—	氟碳	57	米白
6	液体喷涂	3	氟碳	55	银灰
7	粉末喷涂	—	氟碳	30	绿
8	液体喷涂	3	水性氟碳	55	红
9	液体喷涂	2	水性氟碳	36	蓝
10	液体喷涂	2	水性氟碳	42	绿
11	液体喷涂	2	水性氟碳	42	褐
12	液体喷涂	2	水性氟碳	33	紫
13	液体喷涂	2	水性氟碳	42	灰

3.2.1 聚酯涂层在海滨环境下的腐蚀老化行为研究

3.2.1.1 腐蚀老化形貌观察

聚酯涂层 1～3 经过 2 年海南琼海自然暴露试验后的形貌照片如图 3-1 所示（左下角为空白对比样）。结果表明，经过琼海 2 年自然暴露后的聚酯涂层样品发生不同程度的变色和失光，尤其是聚酯涂层 3 的颜色和光泽度变化更为明显。

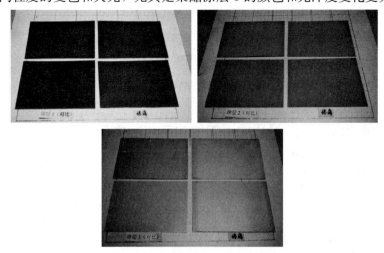

图 3-1 涂层 1～3 经过 2 年琼海自然暴露后的形貌图（见文后彩图）

3.2.1.2　颜色和光泽度变化分析

聚酯涂层 1～3 在海南琼海经过不同时间自然暴露试验后的色差和光泽度如表 3.2 和图 3-2 到图 3-3 所示。结果表明，聚酯涂层样品的色差值随暴露时间的延长逐渐增大，总体表现为 $\Delta E_{涂层3} > \Delta E_{涂层1} > \Delta E_{涂层2}$；聚酯涂层样品的光泽度保持率值随暴露时间的延长迅速降低，总体表现为 $GR_{涂层2} < GR_{涂层1} < GR_{涂层3}$。

表 3.2　涂层 1～3 在琼海自然环境下暴露不同时间后的色差与光泽度数据汇总表

样品	色差 ΔE					光泽度				
	暴露时间/年					暴露时间/年				
	0	0.5	1	1.5	2	0	0.5	1	1.5	2
1	0.14	0.59	0.69	0.83	1.46	51.8	45.6	29.7	26.4	11.4
2	0.12	0.69	0.50	0.46	1.39	53.3	32.2	6.4	3.2	1.8
3	0.39	0.59	1.23	1.22	1.85	39.7	33.5	21.6	16.8	12.4

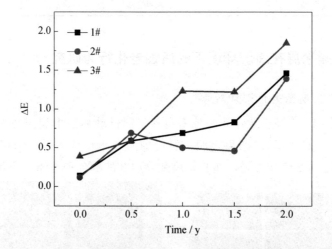

图 3-2　涂层 1～3 经过不同时间琼海自然暴露后的色差值变化图

3.2.2　氟碳涂层在海滨环境下的腐蚀老化行为研究

3.2.2.1　溶剂型氟碳涂层在海滨环境下的腐蚀老化行为研究

溶剂型氟碳涂层 4～6 经过海南琼海 1 年自然暴露试验后的形貌照片如图 3-4 所示。结果表明，经过琼海 1 年自然暴露后的三种氟碳涂层样品均发生很轻微的变色，光泽度变化不明显。

溶剂型氟碳涂层 4～6 在海南琼海经过不同时间自然暴露试验后的色

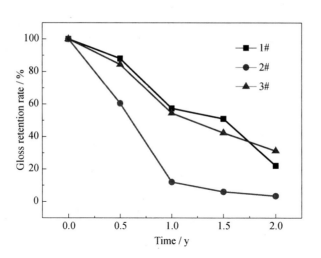

图 3-3　涂层 1～3 经过不同时间琼海自然暴露后的光泽度保持率变化图

图 3-4　涂层 4～6 经过 1 年琼海自然暴露后的形貌图

差和光泽度如表 3.3 和图 3-5 到图 3-6 所示。结果表明，自然暴露 3 个月后，氟碳涂层样品的色差值迅速增大，之后趋于平缓，未随暴露时间的增加显著增加，总体表现为 $\Delta E_{涂层4} > \Delta E_{涂层5} > \Delta E_{涂层6}$；而三种氟碳涂层样品的光泽度在琼海自然环境暴露 1 年内未发生明显变化，光泽度保持率在 95％以上。

表 3.3　涂层 4～6 在琼海自然环境下暴露不同时间后的色差与光泽度数据汇总表

样品	色差 ΔE					光泽度				
	暴露时间/月					暴露时间/月				
	0	3	6	9	12	0	3	6	9	12
4	0.05	1.80	1.86	1.94	1.98	27.6	25.9	26.0	27.6	26.4
5	0.05	1.14	1.23	1.27	1.28	27.2	26.3	25.8	28.3	27.8
6	0.04	0.72	0.78	0.76	0.81	27.4	27.8	28.7	28.7	27.1

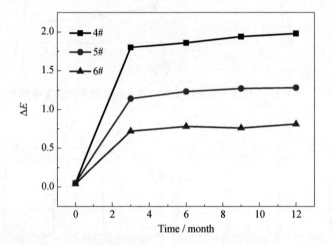

图 3-5　涂层 4～6 经过不同时间琼海自然暴露后的色差值变化图

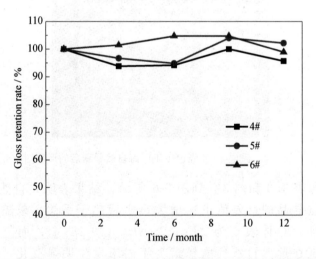

图 3-6　涂层 4～6 经过不同时间琼海自然暴露后的光泽度保持率变化图

溶剂型氟碳涂层 7 经过海南琼海 6 年自然暴露试验后的形貌照片如图 3-7 所示。结果表明，经过琼海 6 年自然暴露后的氟碳涂层 8 样品发生了严重的变色和失光。

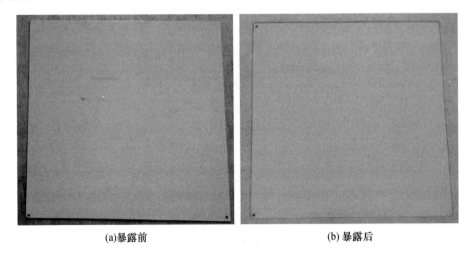

(a)暴露前   (b) 暴露后

图 3-7　涂层 7 经过 6 年琼海自然暴露后的形貌图（见文后彩图）

溶剂型氟碳涂层 7 在海南琼海经过不同时间自然暴露试验后的色差和光泽度如表 3.4 和图 3-8 到图 3-9 所示。结果表明，在自然暴露的前 3 年，氟碳涂层 7 样品的色差值随暴露时间的延长迅速增大，之后趋于平稳，未随暴露时间的增加而显著增加；而氟碳涂层 7 样品的光泽度随暴露时间的延长呈线性下降，自然暴露达到 6 年时，光泽度保持率已降至约 40%。

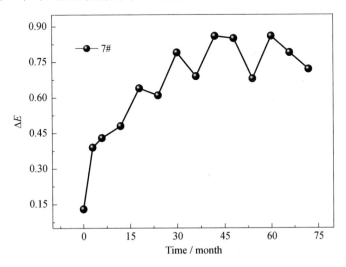

图 3-8　涂层 7 经过不同时间琼海自然暴露后的色差值变化图

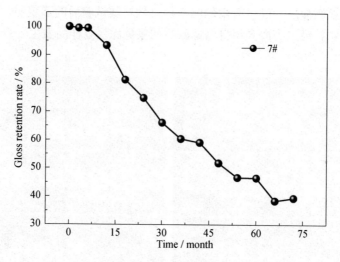

图 3-9   涂层 7 经过不同时间琼海自然暴露后的光泽度保持率变化图

表 3.4   涂层 7 在琼海自然环境下暴露不同时间后的色差与光泽度数据汇总表

指标	暴露时间/月												
	0	3	6	12	18	24	30	36	42	48	54	60	66	72
色差 ΔE	0.13	0.39	0.43	0.48	0.64	0.61	0.79	0.69	0.86	0.85	0.68	0.86	0.79	0.72
光泽度	26.6	26.4	26.4	24.9	21.6	19.8	17.5	16.1	15.7	13.8	12.5	12.4	10.2	10.5

3.2.2.2   水性氟碳涂层在海滨环境下的腐蚀老化行为研究

水性氟碳涂层 8～13 经过海南琼海 1 年自然暴露试验后的形貌照片如图 3-10 所示。结果表明,经过琼海 1 年自然暴露后,水性氟碳涂层 8～12 样品发生很轻微的变色,光泽度变化不明显;而水性氟碳涂层 13 样品发生明显变色和轻微失光。

水性氟碳涂层 8～13 在海南琼海经过不同时间自然暴露试验后的色差和光泽度如表 3.5 和图 3-11、图 3-12 所示。结果表明,自然暴露 3 个月后,水性氟碳涂层 9～10、12 和 13 样品的色差值迅速增大,之后趋于平缓,未随暴露时间的增加显著增加;而水性氟碳涂层 8 和 11 样品的色差值随暴露时间的增加逐渐增大,对比自然暴露 1 年时的色差值,表现为 $\Delta E_{涂层13} > \Delta E_{涂层9} > \Delta E_{涂层8} > \Delta E_{涂层11} > \Delta E_{涂层12} = \Delta E_{涂层10}$。水性氟碳涂层 8～12 样品的光泽度在琼海自然环境暴露 1 年内缓慢增加,未发生失光现象;而水性氟碳涂层 13 样品的光泽度随暴露时间的增加逐渐降低,自然暴露 1 年时,光泽度保持率降至约 85%,对比自然暴露 1 年时的光泽度保持率,表现为 $GR_{涂层13} < GR_{涂层8} < GR_{涂层11} < GR_{涂层12} < GR_{涂层10} < GR_{涂层9}$。

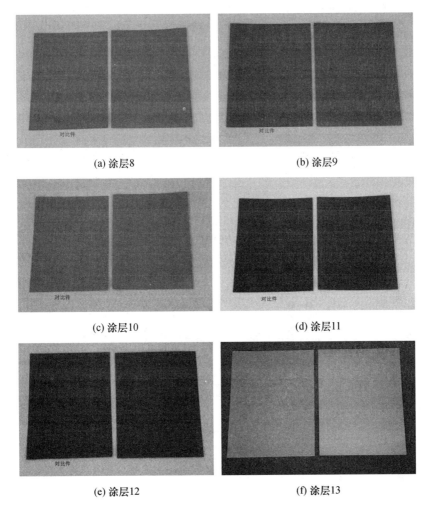

(a) 涂层8   (b) 涂层9

(c) 涂层10   (d) 涂层11

(e) 涂层12   (f) 涂层13

图 3-10　涂层 8～13 经过 1 年琼海自然暴露后的形貌图（见文后彩图）

表 3.5　涂层 8～13 在琼海自然环境下暴露不同时间后的色差与光泽度数据汇总表

样品	色差 ΔE				光泽度				
	暴露时间/月				暴露时间/月				
	3	6	9	12	0	3	6	9	12
8	0.44	0.42	0.44	0.92	32.4	34.3	34.9	35.0	34.8
9	1.08	1.17	1.13	1.09	25.5	29.3	30.8	31.9	32.3
10	0.22	0.34	0.38	0.30	40.5	47.5	47.5	48.5	48.3
11	0.27	0.36	0.50	0.91	48.6	56.0	55.0	54.0	52.5
12	0.37	0.50	0.45	0.30	27.8	29.2	32.7	32.5	31.8
13	5.63	5.93	6.28	6.78	18.0	17.4	17.4	16.8	15.5

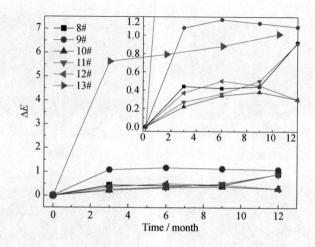

图 3-11   涂层 8～13 经过不同时间琼海自然暴露后的色差值变化图

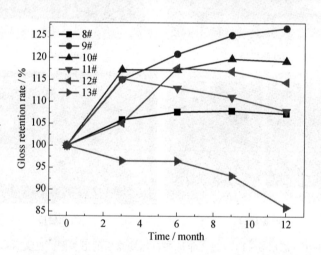

图 3-12   涂层 8～13 经过不同时间琼海自然暴露后的光泽度保持率变化图

3.3   水泥基防护涂层在海滨环境下的腐蚀老化行为

选用水泥基丙烯酸和氟碳涂层体系，研究其在海南琼海和三亚自然环境下的腐蚀老化行为规律。

3.3.1   腐蚀老化形貌观察

水泥基丙烯酸和氟碳防护涂层在琼海和三亚大气试验站暴露 1 年后的形貌照片见图 3-13（右下角为空白对比样）。结果表明，经过琼海和三亚

1 年自然暴露后的丙烯酸和氟碳涂层样品发生了不同程度的变色和失光。同时，样品在琼海大气环境下出现轻微沾污现象，且在样品边缘发生轻微水渗透。

(a)　　　　　　　　　　(b)

(c)　　　　　　　　　　(d)

图 3-13　丙烯酸（a、c）和氟碳（b、d）防护涂层在琼海（a、b）和
三亚（c、d）大气试验站暴露 1 年后的形貌图

3.3.2　颜色和光泽度变化分析

水泥基丙烯酸和氟碳防护涂层在琼海和三亚大气试验站暴露不同时间后的色差和光泽度如表 3.6 所示。结果表明，两种涂层暴露 0.5 年后均出现了明显失光和很轻微的变色，随着暴露时间的延长，失光率逐渐增大，色差值却并未升高。整体比较，丙烯酸涂层在三亚试验站的老化程度略高于在琼海环境下的，而氟碳涂层在琼海试验站的老化程度略高于在三亚环境下的，说明不同涂层的环境敏感因素不同。

表 3.6　丙烯酸和氟碳涂层在琼海和三亚暴露不同时间后的色差与光泽度数据汇总表

样品	光泽度					色差 ΔE			
	初始值	0.5 年		1 年		0.5 年		1 年	
		琼海	三亚	琼海	三亚	琼海	三亚	琼海	三亚
丙烯酸防护涂层	4.1	2.6	2.6	2.1	2.0	2.7	2.0	1.2	1.8
氟碳防护涂层	19.5	15.8	11.6	10.9	13.9	2.2	2.1	3.7	1.7

参考文献

［1］Maria Omastova, Silvia Podhradska, Jan Prokes, et al. Thermal ageing of conducting polymeric composites ［J］. Polymer Degradation and Stability, 2003, 82: 251-256.

［2］李晓刚, 高瑾, 张三平等. 高分子材料自然环境老化规律与机理 ［M］. 北京: 科学出版社, 2011.

［3］蒋荃. 建筑装饰用金属及金属复合材料解析 ［N］. 中国建材报, 2015-01-27 （5）.

第4章　建筑隔热涂层隔热性能评价及其在海滨环境下的腐蚀老化行为研究

4.1 引　　言

太阳以每秒 $1.765×10^{17}$ J 的能量辐射到地球表面，巨大的能量给人类的生存和生活提供了必备的条件。然而，在太阳辐射下被照物体表面不断积聚热量，引起表面温度不断升高，因太阳辐射而导致过高的表面温度给工业生产与生活带来诸多问题，同时也缩短了它们的使用寿命。在许多发达国家中，喷淋装置、空调、冷气机及电风扇等降温制冷设备所用的能量，占全年总能耗的20%以上[1-3]。而在我国这些设备消耗的能量也越来越多[4-5]。随着国民经济的高速发展，能源危机在我国显得尤为突出[6]。在今天倡导节能降耗减排的新形势下，节约能源显得尤为重要。

我国建筑物绝大多数是高能耗非节能建筑。夏季，在太阳强烈的辐照下，大量的热进入到建筑物内，影响室内的舒适性，增加空调制冷能耗。随着国民生活水平的提高，我国一些大中型城市与经济发达的省份的空调负荷已占到夏季最大电网负荷的30%以上，某些地区甚至已经超过40%，并且在未来几年还将呈现高速增长趋势。空调能耗过多是造成夏季尖峰用电快速增长、电网负荷特性恶化及电力紧缺的重要原因，给电网经济安全运行带来巨大隐患。为应对夏季电力紧张的局势，电力主管部门通常采用拉闸限电的措施，又给人们的生产与生活带来不便。太阳强烈的辐射是造成空调能耗过多的直接原因。在建筑外围护结构中，外墙与屋面面积最大，其吸收太阳光，向室内传热也较多。目前针对外墙节能的外墙外保温技术（EIFS）已在国内得到广泛推广与迅速发展。而屋面的节能减排受制于技术、产品、市场等诸多因素，其发展明显滞后。从另一个角度看，屋面节能有望成为建筑节能行业新的突破口。

近年来，金属屋面具有良好的力学性能，优越的防水防火性能并且使用寿命长，维护性好，从而广泛应用于大型工业厂房、会展中心、体育场馆、飞机场等大空间城市标志性建筑，并逐渐向普通建筑扩展。该类建筑的特点是跨度大，层数低，房屋面积占建筑面积比重大，采用金属屋面优势明显。然而由于金属具有良好的导热性及较低半球发射率，在夏季金属屋面受太阳辐照后温度较高，可以达到 70～80℃，传入建筑物内的热量较多，有研究表明夏季金属屋面空调负荷占整个建筑物空调负荷的 40％以上，降低金属屋面的温度具有显著节能的意义[7]。金属"冷屋面"（cool metal roof）则采用表面涂覆具有较高太阳反射比和半球发射率太阳热反射涂料的金属冷屋面板，减小屋面自身对太阳辐射的吸收，降低屋面温度与进入建筑物的热量，进而减少建筑物制冷能耗，起到隔热节能的作用[8-11]。与普通金属屋面板相比，金属冷屋面板提高自身的太阳反射比，从源头上减少屋面对太阳光的吸收，是一种非常值得推广应用的屋面节能材料。在国家节能环保政策及人们对金属屋面认识不断加深的推动下，金属冷屋面板具有十分广阔的应用前景。

金属冷屋面板之所以具有隔热节能的作用是因为表面预涂覆了太阳热反射涂料，减小了金属表面太阳辐射吸收系数，所以可在不消耗电能却能够降低暴露在太阳光下屋面表面的温度，从而减少热量向室内传递，达到提高屋内舒适性、节约能源的目的。正因如此，近年来，在我国大力提倡节能环保的推动下，太阳热反射涂料成为研发的热点并取得显著的进展。目前，对于太阳热反射涂料的隔热机理[12-13]、配方的优化[14-15]、功能材料的选择与改性[16-18]、性能表征[19-20]等相关技术日趋成熟。

4.1.1　太阳热反射涂料的隔热机理

太阳主要以电磁辐射的形式给地球带来光与热。地球上所能接受到的太阳辐射能最高可达 1000W/m² 以上，波长主要分布在 0.2～2.5μm 范围内，大于 2.5μm 波长的辐射能小于 5％。在 0.25～2.5μm 范围内，太阳光热辐射按波长不同可划分为紫外光区、可见光区及近红外光区三部分。其中紫外区为 0.2～0.38μm，能量约占 5％，可见光区为 0.38～0.76μm，占总辐射能的 45％左右；近红外区为 0.76～2.5μm，占总辐射能的 50％。由此可见，太阳光辐射能主要集中在可见光区与近红外光区。太阳具体辐射光谱如图 4-1 所示。

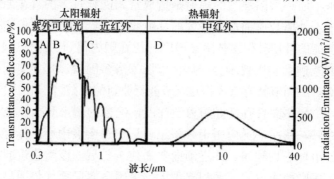

图 4-1　太阳热辐射光谱

假设太阳光辐射到涂层表面上的辐射功率为 P_0，其中一部分 P_a 进入表面后被吸收，另一部分 P_ρ 被反射，其余部分 P_τ 透过涂层。图 4-2 为太阳辐射与涂层作用能量分配示意图。

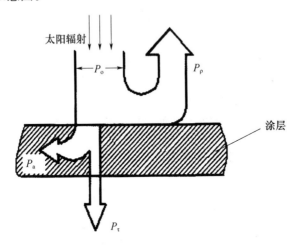

图 4-2　太阳辐射与涂层作用能量分配示意图

根据能量守恒定律：

$$P_0 = P_a + P_\rho + P_\tau \tag{4-1}$$

由公式（4-1）可得：

$$P_a/P_0 + P_\rho/P_0 + P_\tau/P_0 = 1 \tag{4-2}$$

一般将涂层反射、吸收和透射的辐射功率与入射功率之比分别定义为涂层的反射比、吸收比和透射比[21]，即：吸收比 $\alpha = P_a/P_0$；反射比 $\rho = P_\rho/P_0$；透射比 $\tau = P_\tau/P_0$；因此，

$$\alpha + \rho + \tau = 1 \tag{4-3}$$

固化后的涂膜是不透明的，此时 $\tau = 0$ 则公式（4-3）可简化为：

$$\alpha + \rho = 1 \tag{4-4}$$

由公式（4-4）可知，只有提高涂层的反射比 ρ，才可以使涂层表面吸收较少的能量。太阳热反射涂料就是选择透明性好的树脂和反射比高的填料，制得在可见光区与红外光区具有高反射比的涂膜，以减少涂层对太阳光的吸收。

要实现涂层的持续降温，就要把涂层吸收的热量尽可能辐射到外部空间。地球的大气层包含水蒸气、二氧化碳、臭氧以及悬浮颗粒物，这些物质可以对地面上发出的红外辐射起到吸收、反射的作用，从而阻止物体的辐射能向外部空间扩散。然而大气这些成分对在 $2.5 \sim 5\mu m$ 和 $8 \sim 13.5\mu m$ 波段的红外辐射吸收能力很弱，透过率一般在 80% 以上，通常称为"大气窗口"。地面上物体辐射可以直接透过大气窗口"见"到外部空间，从而使物体在一定程度上得到冷却[22]。

物体的发射率是指物体的辐射力与相同温度下黑体辐射力的比值，反映了物体向半球空间辐射能量能力的大小。物体表面的反射率与物体自身的性质有关，而不涉及到外界条件[23]。大部分非金属材料的发射率值都很高，一般在0.85~0.95之间，且与表面状况的关系不大。制备太阳热反射涂料所用的树脂均为非金属材料，自身就具备较高的发射率。

由以上分析可知，太阳热反射涂料不仅在可见光区与近红外光区具有较高反射比，直接反射一部分辐照到物体表面的太阳辐射，减少物体对太阳辐射的吸收；而且还具有较高发射率，把物体吸收的能量通过"大气窗口"辐射到外层空间，降低太阳辐射的热积累，从而达到隔热降温的效果。

4.1.2 涂层太阳反射比的影响因素

太阳热反射涂料高反射比的实现依赖于其组成物质，尤其是成膜基料与反射颜填料，两者折光指数相差越大，对太阳光反射能力越强。此外，太阳热反射涂料的反射比还与涂层厚度、颜料粒径、纯度以及涂料的颜料体积浓度（PVC）值相关，但这些并非是主要因素，所以重点阐述基料与反射颜填料对涂层太阳反射比的影响。

4.1.2.1 基料

反射太阳光强弱可用物质的折光指数来表征，折光指数越大，对太阳光反射能力越强。有机树脂的折光指数为1.45~1.50，其中常用的醇酸树脂和环氧树脂接近1.48；而含氟聚合物具有相对较低的折光指数（1.34~1.42）。可见，选择不同的有机树脂，涂层的太阳热反射效果不会发生显著变化。因此，常见的树脂，如丙烯酸树脂、有机改性聚酯树脂、醇酸树脂、有机硅改性醇酸树脂、含氟树脂、环氧树脂、氯化橡胶等，都可用作太阳热反射涂料的基料，只是要求树脂的透明度高（透光率在80%以上），对太阳能的吸收率低，且尽量使树脂中少含—C—O—C、C═O、—OH等吸收基团[24]。但由于某些树脂，例如环氧树脂和环氧酯自身其他性能，一般只用于中间漆或底漆，所以不能用于反射面漆中。表4.1是几种涂层的太阳反射比[25]，由此可以看出树脂之间对涂层太阳反射比的影响较小。

表 4.1 几种涂层的太阳反射比

涂层	颜料	太阳反射比
有机硅-丙烯酸树脂	TiO_2	0.81
有机硅-醇酸树脂	TiO_2	0.78
丙烯酸树脂	TiO_2	0.76
环氧树脂	TiO_2	0.75
聚氨树脂	TiO_2	0.74

4.1.2.2 颜填料

颜填料的遮盖力是指颜料粒子反射光的能力。对于白色颜料，光线可以完全进入颜料粒子中；对于有色颜料而言，颜填料的遮盖力是颜料粒子吸收某些光线并反射其他光线的能力[26]。

白色颜料的遮盖力大小由颜料与周围介质折光指数之差造成的。当颜料的折光指数与基料的折光指数相等时，涂料就是透明的；当颜料的折光指数大于基料的折光指数时，涂料就有遮盖力；两者相差越大，颜填料的遮盖力就越大，即反射太阳光的能力越强。几种常用颜填料折光指数如表 4.2 所示[27]。

表 4.2 几种常用颜填料折光系数

名称	折光指数	名称	折光指数
钛白（金红石型）	2.80	硫酸镁	1.58
钛白（锐钛型）	2.50	二氧化硅	1.54
氧化锌	2.20	氧化铁红	2.80
锌钡白	1.84	氧化铁黄	2.30
滑石粉	1.59	氧化铝	1.70

一旦颜填料选定后，颜料的粒径就对涂层的热反射性能起关键作用，当颜填料粒径较大时，涂膜凸凹不平，无光滑性，容易污染，导致反射率下降，达不到隔热降温的效果。

近年来，关于太阳热反射涂料的报道主要是通过添加如金属薄片、珠光颜料、改性空心微珠等高反射率的颜填料以达到反射隔热的效果。刘先春以改性丙烯酸醇酸树脂为主要成膜物质，并与金属薄片颜料、溶剂及助剂配合使用而制得表面隔热涂料[28]。Nelson R 采用马来酸二丁酯-乙酸乙烯共聚物为成膜物质，通过加入一种 CeramicSil32 珠光隔热剂制得了隔热性能优良的水性隔热涂料[29]。张敏采用鳞片状铝粉为颜料制得了一种综合性能优良的水性反光隔热罩面涂料，经实体鉴定，当气温高达 35～37℃时，涂层内部可降温 11～13℃[30]。洪晓、王金台等通过向涂料中添加中空陶瓷粒珠等功能填料，制得了对太阳热反射率高、导热系数低的隔热涂料[31-32]。李文丹等在空心玻璃微珠表面均匀包覆一层锐钛型 TiO_2，以其作填料所制备的涂料具有良好的隔热效果和施工、使用性能[33]。为了提高涂料的整体热反射效果，有专利将多种反射功能填料复配使用，以达到更好的隔热效果。美国专利 US2004054035 介绍了一种用于各类管槽外表及各类建筑物内外墙表面隔热防火的水性涂料，它由丙烯酸树脂、空心陶瓷微珠或玻璃微珠、云母粉等填料、颜料及其他助剂等制成，该涂料能有良好的隔热绝温、防火等效果[34]。

4.2 太阳热反射涂料的技术标准与检测方法

目前国内与太阳热反射涂料有关的技术标准比较多，分别为 GB/T 25261—2010《建筑用反射隔热涂料》、JG/T 235—2008/2014《建筑反射隔热涂料》、JC/T 1040—2007《建筑外表面用热反射隔热涂料》、GJB 1670—1993 GF-1《热反射涂料规范》以及 JG/T 402—2013《热反射金属屋面板》等。这从侧面说明太阳热反射涂料已成为研究应用的热点。标准中主要规定了太阳反射比、近红外反射比、半球反射率和隔热温差等技术指标，详见见表 4.3、表 4.4 和表 4.5。

从表 4.3 中可以看出早期的太阳热反射涂料相关标准只是对白色的太阳热反射涂料提出要求。但单一白色难以满足人们对建筑色彩的追求，随着彩色热反射涂料进入市场并得以应用，如何评价彩色太阳热反射涂料隔热性能成为亟待解决的问题。此外，太阳反射比和半球发射率这两项光学指标不是反射隔热涂料的特征性指标，普通白色外墙涂料既能达到标准要求，但却不具有隔热效果。而隔热温差是检测隔热涂料的质量好坏的最直接指标，在 JG/T 235—2008 中提出了隔热温差指标，但标准中规定的试验方法或试验设备存在着严重的缺陷和不足，需做进一步研究与优化。

表 4.3 早期标准中太阳热反射涂料隔热性能指标

标准号	项目		技术指标
GB/T25261—2010	太阳反射比（白色）		≥0.80
	半球发射率		≥0.80
JG/T 235—2008	太阳反射比（白色）		≥0.80
	半球发射率		≥0.80
	隔热温差/℃		≥10
	隔热温差衰减/℃		屋面反射隔热涂料，由设计确定
			外墙反射隔热涂料，≤12
JC/T 1040—2007	太阳反射比（白色）		≥0.83
	半球发射率		≥0.85
	耐人工气候老化（溶剂型 500h，水性 400h）	太阳反射比（白色）	≥0.81
		半球发射率	≥0.83
GJB 1670—1993 GF-1	反射系数		≥0.80
	辐射系数		≥0.85

为了能正确评价彩色热反射隔热涂料的隔热能力和质量水平，在新的反射

隔热涂料标准（JG/T 235—2014）中对反射率做了细分并规定了不同明度的反射涂料的反射率值，该规定见表4.4。该标准的重点是对不同明度的彩色隔热涂料提出了要达到的近红外反射比值的要求，而此指标与涂料的实际隔热效果更为关联。但标准却删除了对隔热温差的要求。笔者通过对热反射金属屋面板性能的研究，制定了JG/T 402—2013《热反射金属屋面板》，在标准中提出了"涂层热工性能"的要求，详见表4.5。该标准不仅针对不同明度的反射涂料规定了光学指标要求，而且规定了隔热温差要求，更为重要的是首次详细规定了隔热温差的测试方法和测试仪器要求。该标准优化了隔热性能的测试方法及测试仪器，并规定了相应的技术指标，使得热反射金属板及相同功能的材料隔热性能的评价有了技术依据。

表 4.4 JG/T 235—2014 标准中太阳热反射涂料隔热性能指标

序号	项目	指标		
		低明度	中明度	高明度
1	太阳光反射比≥	0.25	0.40	0.65
2	近红外反射比≥	0.40	$L^*/100$	0.80
3	半球发射率≥	0.85		
4	污染后太阳光反射比变化率≤	—	15%	20%
5	人工气候老化后太阳光反射比变化率≤	5%		

* 该项仅限于三刺激值中的 $Y_{D65} \geq 31.26$（$L \geq 62.7$）的产品。

表 4.5 JG/T 402—2013 标准中涂层热工性能要求

项目	要求		
	明度值 L 范围		
	$L \leq 40$	$40 < L < 80$	$L \geq 80$
近红外反射比/%	≥40	≥L	≥80
太阳反射比/%	25	40	65
隔热温差/℃	≥7	≥10	≥15

4.3 彩色太阳热反射涂料隔热性能评价的研究

白色涂料在可见光区具有较高反射比，能够轻易在整个太阳光谱范围达到较高的太阳反射比，通常均在80%以上。然而，单一白色不能满足人们对建筑色彩的需求，从白色涂料使用情况看，其使用率只占据20%左右，彩色涂料的使用占据了80%以上。因此彩色热反射涂料就成了研究与应用的热点。目前彩色热反射涂料已被开发出来并应用到金属冷屋面板上，其颜色较为丰富，从深色到浅色均有相应的产品。物体之所以呈现不同的色彩是因为物体对可见光具有选择吸收的特性。不同颜色的太阳热反射涂料由于在可见光区不同程度的吸收而具有不同的太阳反射比。所以评价彩色太阳热反射涂料时并不能仅设定某一限值，而是需要进一步研究彩色太阳热反射涂料的特点，根据其特点确定相应评价的方式及限值。

4.3.1 样品

样品包括 36 种不同颜色的金属冷屋面板和 43 种不同颜色的普通金属屋面板。

4.3.2 测试和仪器

用美国 X-Rite SP64 色差计按照 GB/T 11186.2—1989 测试样品颜色的 L^* a^* b^* 值。

用美国 PE Lambda 950 分光光度计按照 GJB 2502.2—2006 测试样品面层太阳热反射涂料在 $0.29 \sim 2.5 \mu m$ 光谱范围的太阳发射比，按照公式（4-5）计算样品在可见光区（380～760nm）、近红外区（760～2500nm）及全光谱太阳反射比（200～2500nm）：

$$\rho_s = \frac{\sum_{i=1}^{n} \rho_{\lambda_i} E_s(\lambda_i) \Delta \lambda_i}{\sum_{i=1}^{n} E_s(\lambda_i) \Delta \lambda_i} \tag{4-5}$$

式中　ρ_s——样品的反射比；

ρ_{λ_i}——波长为 λ_i 时试样的光谱反射比；

$\Delta \lambda_i$——波长间隔 $\Delta \lambda_i = 1/2 (\lambda_{i+1} - \lambda_{i-1})$，nm；

$E_s(\lambda_i)$——在波长 λ_i 处的太阳辐射照度的光谱密集度，$W/m^2 \cdot \mu m$（QJ 1954—1990 表 2 中查得）；

n——在可见光区、近红外区及全光谱范围内的测试点数目。

4.3.3 颜色的三要素

颜色丰富多彩，种类繁多，各种颜色也存在着一定的内在联系，可用颜色的三要素进行描述，即色调、饱和度及明度[35]。

色调，又称色相，指颜色的基本特征，也是色与色区分的最明显特征，如红、橙、黄、绿、蓝等。色调是由物体表面反射光谱的成分所决定的。色彩主波长相同，色调就相同；主波长不相同，色调就有区别，如图 4-3 所示，曲线 A、B 所代表色彩的主波长分表为 500nm 和 600nm，为两种不同的色调。

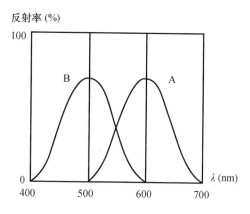

图 4-3　不同色调的光谱反射率曲线

饱和度，又称彩度，是在色调基础上所表现出的颜色纯度。物体色的饱和度取决于该物体表面反射光谱色光的选择性。物体对光谱某一较窄波段的光反射率高，而对其他波长的反射率很低或没有反射，则表明它有很高的光谱选择性，其饱和度就高。如果物体能反射某一色光，同时也能反射一些其他色光，则该色的饱和度就小。如图 4-4 所示，曲线 A 所代表色彩的饱和度大于曲线 B 所代表的饱和度。

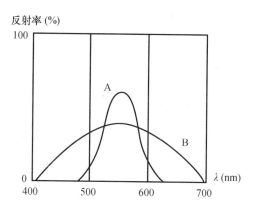

图 4-4　不同饱和度的光谱反射率曲线

明度，表示颜色明暗深浅的程度。明度与物体反射率有关，物体的反射率越高其明度越高。如图 4-5 所示，曲线 A 所代表色彩的明度大于曲线 B 所代表色彩的明度。

颜色的三个要素是相互独立的，但不能单独存在。它们之间的变化是相互联系、相互影响的。其中，色相和饱和度又称为色度，对色感的描述只有色相与饱和度有重要意义[36]。颜色三要素的关系如图 4-6 所示。图 4-6 为枣核形颜色立体示意图。枣核性最大截面圆周各点为色调的变化，其颜色饱和度最大。最大横截面半径方向为饱和度的变化，越靠近圆心饱和度越小。通过圆心与水平截面垂直的立轴为明度变化，越向上明度越大，颜色越白。

为了表示与测量颜色，人们对颜色三要素建立标度，通过数字的

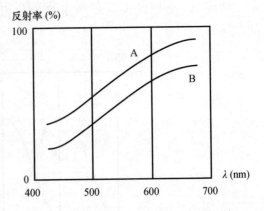

图 4-5　不同明度的光谱反射率曲线

形式对颜色进行准确调控与管理。目前用于表示颜色的方法有孟塞尔系统、XYZ 三刺激值、Yxy 色空间法、$L^*a^*b^*$ 色空间法以及 NCS 颜色系统等，其中较为常见的颜色表示方法为 $L^*a^*b^*$ 色空间法。在 $L^*a^*b^*$ 空间中，中央为消色区，L^* 表示亮度，a^* 与 b^* 为色坐标，表示色方向：$+a^*$ 为红色方向，$-a^*$ 为绿色方向；$+b^*$ 为黄色方向，$-b^*$ 为蓝色方向。当 a^* 与 b^* 值增大时，色点远离中心，色饱和度增大，$L^*a^*b^*$ 空间见图 4-7。

图 4-6　颜色立体示意图

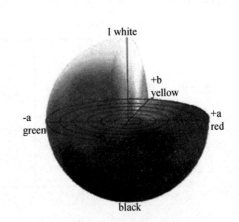

图 4-7　$L^*a^*b^*$ 色空间

4.3.4　结果和讨论

　　表 4.6 与表 4.7 分别为金属冷屋面板与普通金属屋面板的测试结果。本小节以下所用图表中的数据来源于表 4.6 与表 4.7。

表 4.6　金属冷屋面板测试结果

编号	颜色	L^*	a^*	b^*	可见光区反射比/%	近红外区反射比/%	太阳反射比/%
1	红色	43.26	+28.18	+22.83	13.3	71.9	44.9
2		66.10	+23.79	+18.11	35.5	83.8	63.2
3		85.14	+6.34	+5.91	66.3	86.4	76.0
4		89.33	+8.05	+8.33	76.3	85.2	75.5
5		39.28	+26.92	+13.35	16.4	49.3	31.4
6	黄色	69.30	+9.04	+44.99	39.8	76.9	58.1
7		82.00	+5.01	+35.73	60.3	84.1	71.9
8		89.96	−1.04	+16.94	76.2	86.2	79.1
9		96.05	−0.57	+3.70	88.3	88.6	82.9
10	绿色	40.19	−24.63	+5.12	11.4	54.7	27.8
11		62.29	−36.10	+7.25	30.8	69.7	43.1
12		85.37	−23.34	+6.00	66.7	84.2	68.5
13		41.5	−23.5	+5.12	12.2	56.8	29.1
14		64.88	−38.7	+5.12	33.9	72.8	46.0
15		81.96	−22.99	+3.57	60.2	81.3	64.6
16	蓝色	38.69	−6.67	−31.14	10.5	69.0	37.9
17		65.69	−12.42	−27.46	34.9	83.1	58.7
18		84.39	−6.55	−9.07	64.8	86.5	73.5
19		39.3	−6.74	−33.43	10.8	61.9	36.4
20		64.63	−13.3	−27.33	33.6	81.4	58.4
21		84.23	−7.16	−11.7	64.5	84.0	74.3
22	灰色	37.98	−1.20	−4.38	10.1	63.7	33.1
23		65.81	−0.94	−1.11	35.1	75.6	52.4
24		81.42	−0.88	−1.86	59.2	83.1	68.6
25		38.02	−1.26	−6.46	10.1	61.6	32.0
26		64.54	−1.29	−3.22	33.5	65.8	45.5
27		81.73	−1.54	−3.98	59.8	80.1	68.4
28		51.28	+1.69	−2.29	21.4	54.5	37.0

续表

编号	颜色	L^*	a^*	b^*	可见光区反射比/%	近红外区反射比/%	太阳反射比/%
29		97.56	−0.65	+1.9	93.8	84.2	87.7
30		97.10	−0.88	+2.04	92.7	86.4	86.8
31		96.2	+1.06	+9.77	88.7	89.1	83.2
32	白色	98.6	−0.82	+1.57	95.5	89.6	86.6
33		97.75	−0.54	+2.43	92.9	89.5	85.7
34		95.99	−0.85	+2.87	89.3	80.7	79.5
35		98.54	−0.79	+1.27	93.4	87.2	84.7
36		98.34	−0.75	+1.36	93.8	89.0	85.5

表 4.7 普通金属屋面板测试结果

编号	颜色	L^*	a^*	b^*	可见光区反射比/%	近红外区反射比/%	太阳反射比/%
1		43.05	+27.27	+22.57	37.7	37.7	26.9
2		67.42	+21.49	+15.56	62.6	62.6	48.5
3		84.51	+6.70	+6.07	69.5	69.5	68.1
4	红色	90	+5.05	+4.62	75.8	67.2	66.5
5		70.73	+18.92	+16.35	43.1	26.4	31.7
6		89.2	+5.79	+4.81	74.3	63.4	68.2
7		89.27	+5.93	+4.92	74.4	73.3	69.3
8		69.62	+9.58	+43.68	40.2	43.2	41.2
9	黄色	82.43	+4.91	+34.04	61.1	65.4	60.9
10		91.43	+0.18	+17.18	79.4	76.3	74.7
11		90.1	+0.29	+19.70	76.0	65.0	65.3
12		39.20	−23.26	+5.28	10.8	14.4	11.6
13		62.39	−36.82	+6.96	30.9	61.3	39.5
14		85.33	−22.58	+5.00	66.7	78.8	66.7
15		39.75	−20.83	+3.16	11.1	11.9	11.6
16	绿色	61.45	−33.76	+6.51	29.8	31.0	28.7
17		81.7	−23.36	+5.60	59.7	61.4	56.8
18		57.0	−36.75	+7.81	26.0	31.4	23.8
19		35.2	−24.45	+6.82	8.41	16.3	13.2

编号	颜色	L^*	a^*	b^*	可见光区反射比/%	近红外区反射比/%	太阳反射比/%
20	蓝色	38.76	−5.26	−30.56	10.5	32.6	23.6
21		67.84	−10.66	−25.71	37.8	58.5	48.2
22		84.80	−6.39	−9.92	65.6	70.9	67.7
23		39.84	−5.32	−32.57	11.2	28.7	22.5
24		66.01	−13.15	−28.78	35.3	55.2	48.6
25		82.74	−6.44	−9.78	61.7	53.8	59.4
26		62.6	−16.97	−29.24	32.4	44.1	34.6
27		83.5	−6.42	−9.84	63.6	60.4	60.6
28	灰色	38.45	−1.32	−5.18	10.3	6.45	8.98
29		66.83	−1.15	−2.16	36.4	20.9	29.4
30		79.86	−1.12	−1.43	56.4	38.1	47.7
31		39.96	−1.5	−5.71	11.2	8.13	10.8
32		63.14	−0.92	−2.25	31.8	18.5	26.4
33		77.75	−1.3	−2.84	52.8	31.7	43.3
34		39.17	−1.49	−5.82	10.8	35.7	24.3
35		34.97	−1.27	−4.86	8.28	7.21	8.15
36	白色	91.1	−0.95	+1.91	78.0	76.9	72.9
37		91.7	−0.98	+2.04	81.2	71.0	73.6
38		93.1	+0.96	+6.72	73.3	72.4	76.1
39		95.6	−0.62	+1.23	87.3	66.5	77.1
40		95.8	−0.64	+0.98	87.8	64.0	76.0
41		91.2	−0.95	+1.97	78.2	72.2	74.2
42	紫色	29.05	+1.80	−10.82	5.36	39.1	23.2
43		29.39	+1.65	−12.27	5.51	33.5	20.4

4.3.4.1 颜色三要素与可见光反射比的关系

在颜色三要素中,色调与饱和度与物体可见光反射光谱主成分及主成分波段宽窄有关。根据色彩学原理,在可见光区,可依据物体反射光谱主波长的数值分为红(640~780nm)、橙(600~640nm)、黄(550~600nm)、绿(490~550nm)、蓝(450~490nm)、紫(380~450nm)6 种主要颜色。表 4.8 与表 4.9 分别表示几种明度在 65.00 附近太阳热反射涂料与普通涂料的 $L^* a^* b^*$ 值及在可见光区反射比。从表 4.8 与表 4.9 结果可知,无论是太阳热反射涂料还是普通涂料,红黄蓝绿 4 种颜色涂料的反射比与灰色涂料的反射比接近,说明色调与饱和度对涂料可见光区的影响并不显著。这是由于两者只反映可见光反射光谱主成分及波段宽窄状况而不反映整个可见光范围内的状况。

表 4.8 几种明度在 65.00 左右太阳热反射涂料的 $L^*a^*b^*$ 值及可见光区反射比

颜色	L^*	a^*	b^*	可见光区反射比
红色	66.10	+23.79	+18.11	35.5
黄色	69.30	+9.04	+44.99	39.8
蓝色	65.69	−12.42	−27.46	35.0
绿色	64.88	−38.7	+5.12	33.9
灰色	65.81	−0.94	−1.11	35.1

表 4.9 几种明度在 65.00 左右普通涂料的 $L^*a^*b^*$ 值及可见光区反射比

颜色	L^*	a^*	b^*	可见光区反射比
红色	67.42	+21.49	+15.56	37.2
黄色	69.62	+9.58	+43.68	40.2
蓝色	67.84	−10.66	−25.71	37.8
绿色	62.39	−36.82	+6.96	30.9
灰色	66.83	−1.15	−2.16	36.4

而明度则反映物体在整个可见光反射光谱中反射率的高低。图 3-6 为太阳热反射涂料与普通涂料的明度与可见光区反射比之间的关系。由图 3-6 可知,无论是太阳热反射涂料还是普通涂料,两者可见光区反射比均随着明度的增大而变大,并且变化规律一致,表明在可见光区相同明度的太阳热反射涂料与普通涂料的反射比相同。对图 4-8 上的全部数据进行曲线拟合,则得到涂料可见光反射比与明度 L^* 之间的关系:

$$y = 0.002x^{2.343} \quad (R^2 = 0.999) \tag{4-6}$$

式中　y——涂料可见光区反射比,%;

　　　x——明度 L^*。

这也充分说明度 L^* 能够表征涂料在可见光区的反射比。因此,可依据明度 L^* 值的大小对彩色太阳热反射涂料进行划分。根据图 4-8 的数据,将彩色太阳热反射涂料分为以下三类:

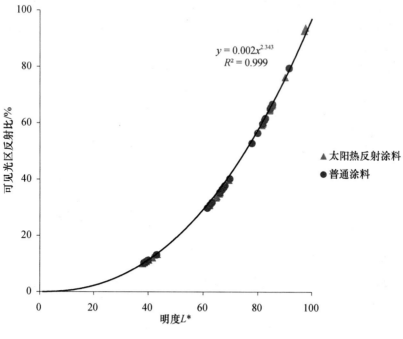

图 4-8　涂料明度 L^* 与可见光区反射比（％）的关系

（1）高明度太阳热反射涂料，其明度 $L^* \geqslant 80$；

（2）中明度太阳热反射涂料，$40 <$ 明度 $L^* < 80$；

（3）低明度太阳热反射涂料，其明度 $L^* \leqslant 40$。

4.3.4.2　明度与近红外反射比的关系

从上面可知，相同颜色的太阳热反射涂料与普通涂料在可见光区的反射比相同，而对于彩色太阳热反射涂料要提高其隔热效果，就需要通过添加红外反射颜填料提高其在近红外区的反射比，这也是彩色太阳热反射涂料与普通涂料最根本的区别。

图 4-9 显示了明度 L^* 与近红外区反射比之间的关系。由图 4-9 可知，从整体上看，太阳热反射涂料与普通涂料的近红外区反射比均随着明度 L^* 的增大而增大，但是太阳热反射涂料的近红外区反射比明显大于同样明度值的普通涂料。高明度太阳热反射涂料的近红外区反射比均在 80％以上，而由于高明度普通涂料未使用红外反射颜填料，其近红外区反射比均在 80％以下，因此可以以此为限定条件将高明度太阳热反射涂料与高明度普通涂料区分开；对于中明度涂料而言，可通过曲线 $y = x$（y：近红外区反射比,％；x：明度值，$40 < x < 80$）以区分太阳热反射涂料与普通涂料，即近红外区反射比大于等于明度值的涂料为太阳热反射涂料，而近红外区反射比小于明度值的涂料为普通涂料；至于低明

度涂料，根据公式（4-6）可知，其在可见光区反射比小于等于 11.3%，在可见光区已吸收较多的热量，因此为使低明度太阳热反射涂料达到相对较好的隔热效果需对其近红外区反射比提出较高的要求，即近红外区反射比大于等于 40%。可将以上这些限定条件作为彩色热反射涂料需要满足的基本要求。此外，从图 4-9 也可以看出，中低明度太阳热反射涂料近红外区反射比远大于可见光区反射比；对于高明度太阳热反射涂料随着明度值的增大，可见光区反射比与近红外区反射比越来越接近。

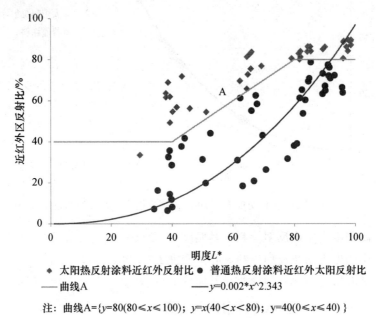

图 4-9 明度 L^* 与近红外区反射比的关系

4.3.4.3 明度与太阳反射比的关系

图 4-10 展示了太阳热反射涂料与普通涂料明度与太阳反射比之间的关系。从图中结果可以看出，太阳热反射涂料与普通涂料太阳反射比均随着明度的增加而增大，两者的太阳反射比在图中 A 区域有重叠，并没有明显的区分。这是由于普通涂料近红外区反射比相对较高，与其明度相接近太阳热反射涂料相比，两者近红外区反射比相差不大，造成两者在全光谱反射比的差值很小，进而形成图 4-10 中重叠区域 A。例如，图 4-10 中普通涂料 a 与太阳热反射涂料 b，两者近红外区反射比与太阳反射比见表 4.10，从表中结果可以看出，两者在可见光区反射比没有区别，近红外区反射比的差值也较小，仅有 0.054，因此两者的太阳反射比的差值也只有 0.018，十分接近。此外，从图 4-10 不难看出，有相当一部分太阳热反射涂料的太阳反射比位于或高于曲线 $y = 0.601x^{1.007}$（y：太

阳反射比,%；x：明度值），其明显高于处于区域 A 的太阳热反射涂料。所以可据此将太阳热反射涂料分为优等品与合格品，满足 4.3.4.2 小节彩色热反射涂料基本限定条件的太阳热反射涂料为合格品；太阳反射比满足以下条件的太阳热反射涂料为优等品：

$$y \geqslant 0.601 x^{1.007}（y：太阳反射比,\%；x：明度值）$$

表 4.10　普通涂料 a 与太阳热反射涂料 b 的反射比

涂料类别	明度 L^*	可见光区反射比/%	近红外区反射比/%	太阳反射比/%
普通涂料 a	85.33	66.7	78.8	66.7
太阳热反射涂料 b	85.37	66.7	84.2	68.5
差值	0.04	0.0	5.4	1.8

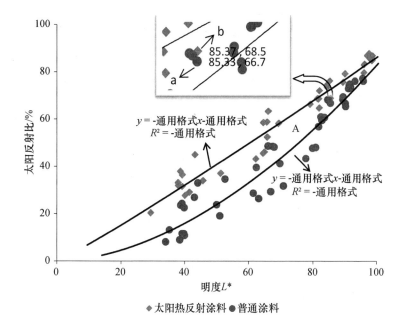

图 4-10　明度与太阳反射比之间的关系

4.3.4.4　彩色太阳热反射涂料初始隔热性能评价

根据以上分析，可依据明度与可见光反射比之间的关系，将彩色太阳热反射涂料划分为高明度太阳热反射涂料、中明度太阳热反射涂料及低明度太阳热反射涂料三类；依据明度与近红外反射比的关系，可将太阳热反射涂料与普通涂料从根本上区分开来；最后，根据明度与太阳反射比之间的关系，可将彩色太阳热反射涂料划分为优等品与合格品两个等级。所以在此基础上可提出评价彩色热反射涂料初始隔热性能的指标及要求，具体见表 4.11。金属屋面通常应用于大跨度建筑物，该类建筑物屋顶面积较大，所接受的太阳辐照量也较多，此外，与垂直的墙面相比，屋顶还直接经受风吹雨打、空气颗粒污染物等环境因素的侵蚀，因此用于金属冷屋面板的太阳热反射涂料宜选用优等品。

表 4.11 彩色热反射涂料初始隔热性能指标及要求

类别	明度 L^*	合格品	优等品
		近红外区反射比 $\rho_{近红外}$ /%	太阳反射比 $\rho_{太阳}$ /%
高明度太阳热反射涂料	$L^* \geqslant 80$	$\geqslant 80$	$P_{太阳} \geqslant 0.601L^{*1.007}$
中明度太阳热反射涂料	$40 < L^* < 80$	$\geqslant L^*$	
低明度太阳热反射涂料	$L^* \leqslant 40$	$\geqslant 40$	

4.4 太阳热反射隔热涂层环境适应性研究

太阳热反射涂料涂覆在物体的表面，避免不了要受到环境的侵蚀，致使反射隔热性能下降。因此，JG/T 235—2008 对沾污后太阳热反射涂料隔热温差衰减做出限定；JC/T 1040—2007 对老化后太阳热反射涂料太阳反射比与半球发射率保持值的大小做出要求。然而，这两个标准只是从沾污或老化单方面反映太阳热反射涂料的环境适应性并不全面，需对太阳热反射涂料环境适应性进行全面的分析。

选用白色的氟碳和弹性反射隔热涂层以及不同颜色的丙烯酸反射隔热涂层纤维板，研究其在海南琼海和三亚自然环境下的腐蚀老化行为规律。

4.4.1 氟碳和弹性反射隔热涂层在海滨环境下的腐蚀老化行为

纤维板上的氟碳和弹性反射隔热涂层在琼海和三亚大气试验站暴露 0.5 年和 1 年后的形貌照片如图 4-11 至图 4-14 所示，详细实验数据见表 4.10。结果表明，氟碳反射隔热涂层在琼海大气环境暴晒 0.5 年后，发生了很轻微的失光和轻微变色，在三亚发生了很轻微的失光和变色；弹性反射隔热涂层在琼海大气环境暴晒 0.5 年后，发生了明显失光和变色，在三亚发生了明显失光和轻微变色。随着暴露时间的延长，这两种涂层的颜色变化和失光程度显著提高。两种反射隔热涂层的初始太阳光反射比和近红外反射比相同，但经过 0.5 年和 1 年自然暴露后，氟碳涂层的太阳光反射比和近红外反射比均略高于弹性涂层的，且两种涂层在三亚大气环境下暴露后的太阳光反射比和近红外反射比均高于琼海的。综合以上分析，氟碳反射隔热涂层的耐老化性能和反射隔热性能衰减优于弹性反射隔热涂层，且这两种涂层在三亚大气环境下的老化较琼海的轻微。但氟碳反射隔热涂层的弹性不佳，导致涂层板局部发生开裂，如 4-12 和图 4-14 所示，这将加速涂层的失效。

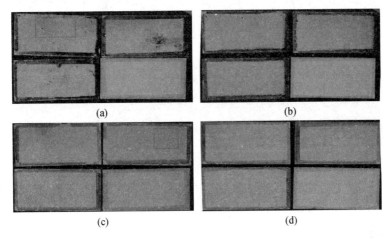

图 4-11　氟碳（a）、（c）和弹性（b）、（d）反射隔热涂层在琼海（a）、（b）和三亚（c）、（d）大气试验站暴露 0.5 年后形貌观察（红框内涂层发生开裂）

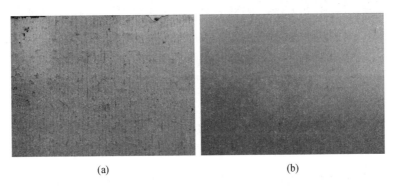

图 4-12　氟碳反射隔热涂层在琼海（a）和三亚（b）
大气试验站暴露 0.5 年后局部形貌观察

4.4.2　丙烯酸反射隔热涂层在海滨环境下的腐蚀老化行为

纤维板上不同颜色的丙烯酸反射隔热涂层在琼海和三亚大气试验站暴露 0.5 年和 1 年后的形貌照片如图 4-15 和图 4-16 所示，详细实验数据见表 4.12。结果表明，不同颜色的丙烯酸反射隔热涂层在琼海和三亚大气环境暴晒 0.5 年后，均发生了轻微变色，其中白色和黄色丙烯酸反射隔热涂层在琼海发生了明显失光，红色和黑色丙烯酸反射隔热涂层在琼海发生了严重失光，白色丙烯酸反射隔热涂层在三亚发生了很轻微失光，黄色、红色和黑色丙烯酸反射隔热涂层在

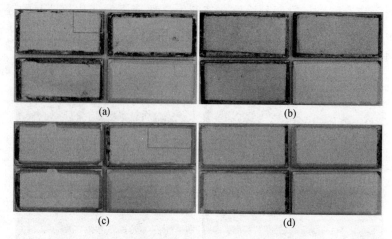

图 4-13 氟碳（a）、(c) 和弹性（b）、(d) 反射隔热涂层在琼海（a）、(b) 和三亚（c）、(d) 大气试验站暴露 1 年后形貌观察（红框内涂层发生开裂）

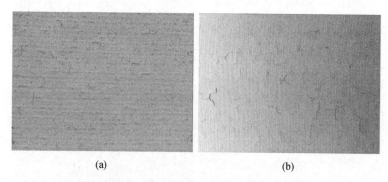

图 4-14 氟碳反射隔热涂层在琼海（a）和三亚（b）
大气试验站暴露 1 年后局部形貌观察

三亚发生了明显失光。随着暴露时间的延长，这 4 种涂层的颜色变化和失光程度显著提高。浅色（白色和黄色）丙烯酸涂层的初始太阳光反射比和近红外反射比较高，达到 0.8 以上，经过 0.5 年和 1 年琼海自然暴露后分别衰减为初始值的 82%～85% 和 76%～86%；经过 0.5 年和 1 年三亚自然暴露后衰减为初始值的 90% 左右。深色（红色和黑色）丙烯酸涂层的初始太阳光反射比和近红外反射比较低，分别为 0.26 和 0.54，经过 0.5 年和 1 年琼海或三亚自然暴露后衰减为初始值的 80%～90%。其中，红色丙烯酸隔热涂层的抗水渗透性差，在琼海环境下暴露 1 年时，渗水面积几乎占据整个样品表面。综合比较，不同颜色的丙烯酸反射隔热涂层在三亚大气环境下的耐老化性能和反射隔热性能衰减优于在琼海环境下的。与氟碳和弹性反射隔热涂层相比较，丙烯酸反射隔热涂层的性能衰减更快。

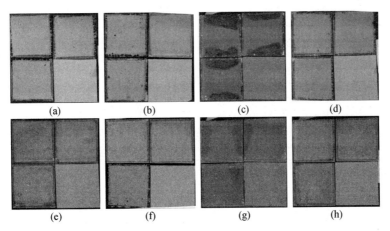

图 4-15　不同颜色丙烯酸反射隔热涂层在琼海（a）、（b）、（c）、（d）和三亚（e）、（f）、（g）、（h）大气试验站暴露 0.5 年后形貌观察（见文后彩图）

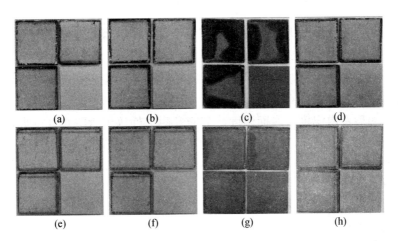

图 4-16　不同颜色丙烯酸反射隔热涂层在琼海（a）、（b）、（c）、（d）和三亚（e）、（f）、（g）、（h）大气试验站暴露 1 年后形貌观察（见文后彩图）

表 4.12　反射隔热涂层在琼海和三亚大气试验站暴露 0.5 年和 1 年后的老化数据

样品	光泽度					色差				太阳光反射比					近红外反射比				
	初始值	0.5		1 年		0.5		1 年		初始值	0.5		1 年		初始值	0.5		1 年	
		琼海	三亚	琼海	三亚	琼海	三亚	琼海	三亚		琼海	三亚	琼海	三亚		琼海	三亚	琼海	三亚
氟碳反射隔热涂层	4.5	4.1	4.0	3.9	3.6	4.2	1.6	6.4	2.4	0.79	0.77	0.82	0.75	0.83	0.76	0.77	0.81	0.78	0.84
弹性反射隔热涂层	4.7	2.6	3.0	2.8	2.9	6.4	3.4	9.7	5.3	0.79	0.74	0.79	0.69	0.77	0.76	0.74	0.78	0.72	0.80

续表

样品	光泽度				色差				太阳光反射比					近红外反射比				
	初始值	0.5		1年		0.5		1年		初始值	0.5		1年		初始值	0.5		1年	
		琼海	三亚	琼海	三亚	琼海	三亚	琼海	三亚		琼海	三亚	琼海	三亚		琼海	三亚	琼海	三亚
丙烯酸反射隔热涂层-白色	3.6	2.0	3.1	1.6	2.2	9.2	4.2	14.2	6.8	0.81	0.67	0.74	0.62	0.72	0.84	0.70	0.76	0.67	0.76
丙烯酸反射隔热涂层-黄色	4.4	1.8	3.0	1.7	2.2	7.7	4.7	7.9	6.7	0.76	0.65	0.69	0.65	0.68	0.82	0.70	0.74	0.71	0.75
丙烯酸反射隔热涂层-红色	2.4	1.0	1.2	0.9	1.1	4.6	4.6	5.3	5.0	0.26	0.22	0.22	0.24	0.23	0.29	0.23	0.23	0.25	0.25
丙烯酸反射隔热涂层-黑色	3.1	1.3	2.0	1.1	1.4	6.8	4.7	7.7	6.4	0.54	0.47	0.50	0.45	0.49	0.70	0.59	0.62	0.57	0.63

4.5 太阳热反射涂料隔热效果评估和测试方法研究

国外的文献中大量地进行了箱式封闭物体模拟实验研究以评价太阳热反射涂料隔热效果,美国则直接对民居涂覆太阳热反射涂料后,实地跟踪研究,通过太阳辐照后室内温度、表面温度、节能及耐久性等因素综合评价太阳热反射涂料的应用效果及技术经济市场[37-43]。在国内,对太阳热反射涂料隔热效果的评价也取得相应的进展。邱童等通过采集室内外环境参数逐时的大小,测试出有效传热系数进而计算出普通涂料与隔热涂料有效传热系数修正系数,从而得出隔热涂料在建筑外墙与屋面上的应用效果[44-45]。冯春霞等将制备的隔热涂料、普通涂料和黑色瓷漆涂刷在自制密封箱子上,监测在实际天气中箱子内部温度,依此评价隔热涂料实际降温隔热效果,筛选出降温效果优良的隔热涂料[46]。徐斌等通过建立屋顶和南外墙涂覆隔热涂层的房间非稳态传热模型,采用北京、合肥、深圳3地夏季月平均气象数据,对当地建筑使用隔热涂料的节能效果进行评价,发现给建筑顶层涂覆隔热涂料可显著降低房间空调负荷和日制冷量同时改善室内热环境[47]。沈辉等对夏热冬暖地区建筑屋顶涂覆太阳热反射涂料后的隔热节能效果进行了实证研究,结果表明:太阳热反射涂料隔热降温效果明显,是对该地区厂房类建筑进行反射隔热简单可行的节能手段[48]。

太阳反射比与半球发射率能够揭示太阳热反射涂料具备降温隔热性能的原因,但其并不能直观显示出降温隔热的程度。因此在 JG/T 235—2008 中提出了隔热温差的概念以表征太阳热反射涂料降温隔热的效果。但是,测试隔热温差方法中所用加热灯相对光谱能量分部与太阳光能量分布相差太大,其在紫外区相对辐照度小于等于 0.02%，在可见光区相对辐照度约为 5.6%，在红外区相对辐照度约为 94.38%，并且辐射通量也只有 135W，辐射度较小[49]。此外，该方法并未涉及到环境因素对太阳热反射涂料降温隔热效果的影响。涂覆在物体表面的太阳热反射涂料，其降温隔热效果势必会受到太阳辐照度、空气对流及空气温度的影响。而该方法却未对环境因素大小进行限定，致使在不同时间地点对同一样品测试的结果相差较大。在太阳热反射涂料的研发过程中，许多研究者自制隔热性能的测试仪器以评价制备的太阳热反射涂料隔热性能[50-54]，两种典型的隔热温差测试仪器如图 4-17 与图 4-18 所示。通过这些仪器测试太阳热反射涂料隔热性能与 JG/T 235—2008 所规定的方法存在着同样的问题。所以需要进一步分析太阳热反射涂料工作原理，引入相关环境因素，以开发出科学合理地评价太阳热反射涂料隔热效果的设备与方法。

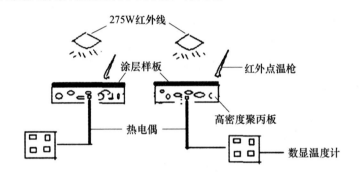

图 4-17　隔热温差测试仪[48]

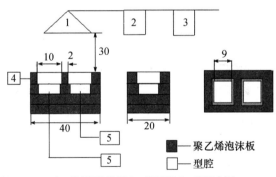

1—500W碘钨灯　2—调压器　3—稳压电源
4—2.5cm聚苯乙烯泡沫板　5—热电偶温度计

图 4-18　隔热测试仪（单位：cm）[51]

　　金属冷屋面板是太阳热反射涂料与金属板材复合而成。仅通过太阳反射比与半球发射率表征金属冷屋面板的隔热性能是不全面的。太阳热反射涂料主要通过添加一些高太阳反射比的如金属薄片、金属粉体、珠光颜料、改性空心微珠等颜填料达到反射隔热效果，尽管金属填料具有较高太阳反射比，但其发射率却很低，依然会造成热积累，与无机填料相比，隔热效果差[55]。所以只比较太阳反射比与半球发射率则不能区分涂覆添加金属与无机填料这两类涂料金属冷屋面板的隔热性能的优劣。此外，太阳反射比与半球发射率两个参数较为抽象且彼此独立，不能直观地反映金属冷屋面板隔热降温的程度。这两个参数也不能反映温湿度、自然对流等环境因素对金属冷屋面板隔热性能的影响。最后，金属冷屋面板所用基材一般为铝基材与钢基材，两者导热系数相差较大，这两个参数也不能反映基材及涂层导热系数对其隔热性能的影响。因此，有必要对金属冷屋面板隔热机理进行分析，提出能够全面反映金属冷屋面板隔热性能的参数，建立测试金属冷屋面板隔热性能的试验方法。

4.5.1 测试原理

太阳辐射照射到金属冷屋面板时，其能量分配如图 4-19 所示。一部分被反射到大气中，另一部分被金属冷屋面板吸收转化成热量。该热量除了蓄存在金属冷屋面板外，一部分经空气对流与热辐射传递到室外，一部分通过金属冷屋面板传递到室内。

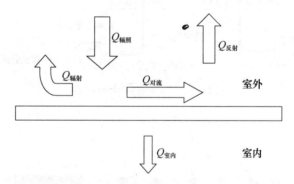

图 4-19　太阳辐射作用于金属冷屋面板的能量分配示意图

与发生在金属冷屋面板两表面热交换相比，金属冷屋面板自身蓄热较小可忽略不计，由能量守恒定律可知：

$$Q_{辐照} = Q_{反射} + Q_{辐射} + Q_{对流} + Q_{室内} \tag{4-7}$$

假设屋面板的面积为 A，则有 $Q_{辐照} - Q_{反射} = (1-\rho) IA$；$Q_{辐射} = h_r (T_r - T_{air}) A = \varepsilon\sigma (T_r^4 - T_{air}^4) A$；$Q_{对流} = h_c (T_r - T_{air}) A$；$Q_{室内} = qA$。故公式 (4-7) 可转化为：

$$(1-\rho) I = q + h_c (T_r - T_{air}) + \varepsilon\sigma (T_r^4 - T_{air}^4) \tag{4-8}$$

式中　ρ——太阳反射比；

　　　I——太阳辐射强度，W/m^2；

　　　ε——半球发射率；

σ——斯蒂芬-玻耳兹曼常数；

q——传向室内的热流密度，W/m^2；

h_r——辐射换热系数，$W/(m^2 \cdot K)$；

h_c——对流换热系数，$W/(m^2 \cdot K)$；

T_r——屋面温度，℃；

T_{air}——空气温度，℃。

由公式（4-8）可得：

$$q=(1-\rho)I-h_c(T_r-T_{air})-\varepsilon\sigma(T_r^4-T_{air}^4) \qquad (4-9)$$

由公式（4-9）可知，传向室内的热流密度 q 不仅与屋面面层的太阳反射比 ρ 有关，还与屋面所处具体环境参数 I，h_c 及 T_{air} 有关，即太阳辐照强度、风及室外温度。所以评价金属冷屋面板隔热性能需要明确具体环境。

根据上面的分析，测试金属冷屋面板隔热性能需要模拟金属冷屋面板的服役环境。与普通金属屋面板相比，金属冷屋面板具有隔热节能根本原因是减弱了通过金属冷屋面板向屋内传递热量，提高室内的舒适度，进而减少建筑物空调能耗。因此，本测试方法将模拟金属冷屋面板服役环境，测试通过金属冷屋面板向内传递的热量。为使测试结果更具直观性，选取涂覆有全吸收太阳光涂料金属板材作为参比板。测试在一定时间内通过参比板与金属冷屋面板向内传递的热量，将两者的差值与通过参比板向内传递的热量的比值作为评价金属冷屋面板隔热性能的指标。暂将该比值定义为隔热因子 η：

$$\eta=\frac{Q_{参比}-Q_{样品}}{Q_{参比}}=\frac{\int_{t_1}^{t_2}q_{参比}Adt-\int_{t_1}^{t_2}q_{样品}Adt}{\int_{t_1}^{t_2}q_{参比}Adt}=\frac{\int_{t_1}^{t_2}q_{参比}dt-\int_{t_1}^{t_2}q_{样品}dt}{\int_{t_1}^{t_2}q_{参比}dt}$$

$$(4-10)$$

式中　$Q_{参比}$——通过参比板流入测试箱的热流量，W；

　　　$Q_{样品}$——通过样品流入测试箱的热流量，W；

　　　$q_{参比}$——通过参比板传向测试箱的热流密度，W/m^2；

　　　$q_{样品}$——通过样品传向测试箱的热流密度，W/m^2；

　　　A——测试板材面积，m^2；

　　　t_1——计量开始时间，s；

　　　t_2——计量终止时间，s。

从公式（4-9）与公式（4-10）不难看出，隔热因子能够直观地反映出金属冷屋面板隔热节能的程度，是太阳反射比与半球发射率等参数的综合体现。

4.5.2　测试设备

开发金属冷屋面板隔热性能测试设备首要关键是模拟光源的选择。涂覆在金属冷屋面板表面的太阳热反射涂料在整个太阳辐射全光谱内具有较高太阳反射比。所以要求模拟光源的光谱分布尽可能与太阳光光谱分布相近。目前测试太阳热反射涂料隔热效果相关设备采用的光源主要是钨灯及红外灯。红外灯只辐射红外线，并且其分布也与太阳光谱分布相差非常大。图 4-20 为 2600K 的钨丝灯的辐射与太阳辐射的比较。从图 4-20 上看，钨灯辐射比红外灯波长范围有所扩展，分布在可见光区到红外光区，但其主要辐射为红外线，可见光部分所占比例不大，另外，缺乏紫外线。所以这两类灯均不适合作为金属冷屋面板隔热性能测试设备的光源。

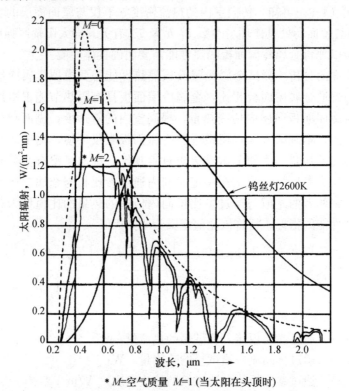

* M=空气质量 M=1 (当太阳在头顶时)

图 4-20　钨丝灯辐射与太阳辐射比较

氙灯是利用氙气放电的灯。氙灯光谱分布，从紫外光区到可见光区，近似太阳光的连续光谱，有近红外的强谱线；连续光谱部分的光谱分布，几乎与灯的输入功率变化无关，在使用期间，几乎不变色，色温为 6000K。图 4-21 为典型高压氙弧灯与太阳辐射的比较，从图上可以看出其光谱分布与太阳光比较接近。氙灯也是美国军标推荐全光谱光源之一。由此可见用氙灯模拟太阳光是可行的。所以本测试设备选用长弧氙灯作为模拟太阳光的光源。为保证辐射到样品表面的光线均匀分布，需在氙灯后面放置适当的反射器。

　　根据测试原理，需测试通过金属冷屋面板及参比板向内传递的热量。该热量不能受到外部环境的干扰，另外还需模拟建筑物，因此用聚苯夹芯板制成内腔尺寸为 350mm×350mm×350mm 正方体的测试箱。此外该测试设备选用可调节转速的轴流风机以提供试验所需的风。

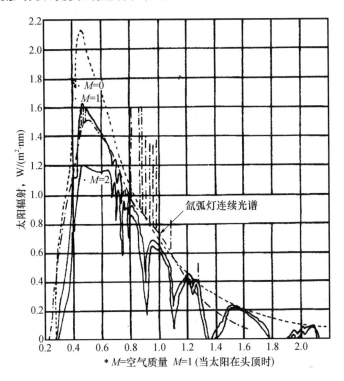

图 4-21　典型高压氙弧灯与太阳辐射比较

　　依据上面的分析及测试原理，所研发的金属冷屋面板隔热性能测试仪如图 4-22 所示。测试时，将背面粘有热流密度传感器的测试样品放置于测试箱上并密封，开启氙灯与风机，调至试验所要求的参数值，记录测试时间与通过样品传向测试箱的热流密度。

4.5.3　试验参数的确定

　　由上面的分析可知，影响测试结果的环境因素有太阳辐照强度、风以及环境温度。下面将依据样品 7 的试验结果确定这些影响因素值的大小，以合理安排试验步骤。样品 7 为金属冷屋面板材，基材为铝材，表面涂层为粉红色，太阳反射比为 0.78，半球发射率为 0.85，板材厚度为 1.2mm。

4.5.3.1　参比板

目前太阳热反射涂料颜色不仅仅局限于白色与浅色，彩色和深色太阳热反

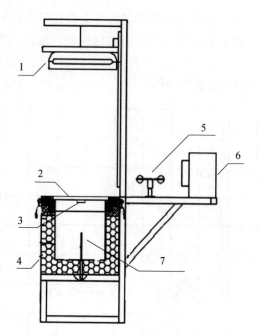

1—氙灯；2—样品；3—热流密度传感器；4—测试箱；
5—风速传感器；6— 风机；7—空气温度传感器

图 4-22　金属冷屋面板隔热性能测试仪示意图

射涂料已应用于金属冷屋面板上。物质呈现不同颜色是物质对可见光选择性吸收的结果，所以不同颜色金属冷屋面板其隔热性能也是有差异的。考虑到金属冷屋面板颜色多样性，选用涂覆黑色全吸收涂料的铝板材作为参比板，其太阳反射比为 0.01、半球发射率为 0.83，厚度为 1.2mm，涂层厚度为 60～70μm。

4.5.3.2　环境温度

自然界中的空气对流的温度势必会影响到金属冷屋面板实际隔热效果。在一定辐照度下，对流空气的温度越高，增加了热量的传递，势必减弱金属冷屋面板的隔热效果；相反，温度较低的对流空气将增加金属冷屋面板的隔热效果。图 4-23 显示了样品 7 在不同环境温度下隔热因子的变化。由图 4-23 可以看出，随着温度的升高，样品 7 隔热因子呈下降趋势。考虑到实验室环境温度，将实验环境温度定为（23±1）℃；同时将相对湿度确定为（50±5）％。

4.5.3.3　风速

图 4-24 显示了不同风速下样品 7 隔热因子的变化。当风速从 0m/s 增加到 0.75m/s 时，样品 7 的隔热因子急剧下降，当风速从 0.75m/s 增加到 3m/s 时，样品 7 隔热因子无明显变化，依据测试结果及实际自然对流情况，确定试验风速为 1m/s。

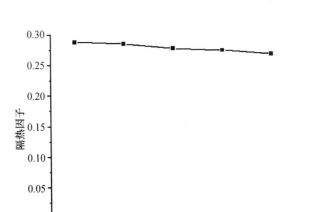

图 4-23　不同环境温度下样品 7 的隔热因子

（辐照度为 800W/m² ；风速为 1m/s）

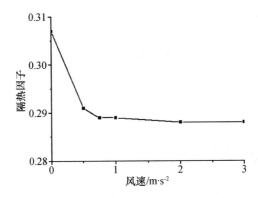

图 4-24　不同风速下样品 7 的隔热因子

（辐照度为 800W/m² ；室温为 23℃）

4.5.3.4　辐照度

图 4-25 反映了样品在不同辐照强度下隔热因子的变化，随着辐照度的增强，样品的隔热因子呈现缓慢下降趋势。考虑到金属冷屋面板主要应用于我国南方地区。根据有关资料，南方地区的年均辐照度为 $600 \sim 830 \mathrm{W/m^2}$[56]，且夏季辐射明显高于冬季。因此，将辐照度确定为 $（800 \pm 10）\mathrm{W/m^2}$。

4.5.4　试验步骤

根据所确定的实验参数，确定该测试方法的步骤如下：

（1）将实验室温度与测温箱内空气温度调节到 $（23 \pm 1）℃$，相对湿度调节到 $（50 \pm 5）\%$；

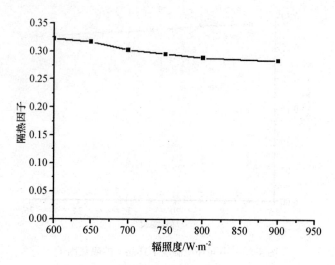

图 4-25　不同辐照度下样品 7 的隔热因子

（风速为 1m/s；室温为 23℃）

（2）在参比板背面连接热流密度传感器后安装在测试箱上方测试口并密封；

（3）开启轴流风机并调节风速至 1m/s；

（4）开启氙灯，并将到达样品表面辐照度调节至（800±10）W/m²；

（5）记录时间及热流密度；

（6）将参比板更换为测试样品，重复上述步骤。

4.5.5　数据处理和分析

以样品 7 的实验数据为例说明本测试方法对实验数据的处理过程。图 4-26 显示了样品 7 与参比板按照上述实验步骤测得实验数据。从图 4-26 可以看出，无论是参比板还是样品 7 在试验开始前 20min 内形成一个峰，在 20min 后达到稳态后以接近线性的形式缓慢下降。这是因为氙灯启动后测试板材样品表面温度上升迅速，测试箱中温度上升缓慢，使得热流密度传感器两面形成很大的温差，而热流密度传感器是通过测试传感器两表面之间的温差以测定热流密度的大小，因此在前 20min 内形成一个峰。随着试验的进行，样板表面温度趋于稳定，测试箱内空气温度则逐渐升高，使得热流密度两面温差减小，所以，在 20min 后呈现缓慢下降的趋势。因而对实验数据进行处理的时候，需要去除试验开始前 20min 内的数据。在 20～130min 时间段，不难看出，通过样品 7 与参比板的热流密度与时间呈线性关系，对其进行线性拟合。所得拟合曲线分别为：

1）参比板　$y=-0.083x+47.69$　$R^2=0.908$；

2）样品 7　$y=0.053x+33.24$　$R^2=0.869$。

根据公式（4-10），即可计算出样品 7 隔热因子：

$$\eta = \frac{Q_{参比} - Q_{样品}}{Q_{参比}} = \frac{\dfrac{(q_{参比,20} + q_{参比,130}) \times 110 \times A}{2} - \dfrac{(q_{参比,20} + q_{参比,130}) \times 110 \times A}{2}}{\dfrac{(q_{参比,20} + q_{参比,130}) \times 110 \times A}{2}}$$

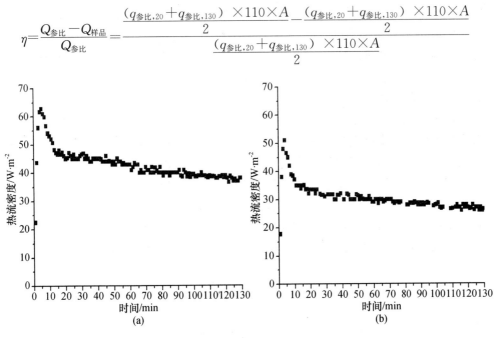

图 4-26　样品 7 与参比板的试验数据

（a）参比板；（b）样品 7

　　根据本测试方法，对 6 组金属冷屋面板样品隔热因子及试验前后测试箱中空气温度差值进行测试，测试结果如表 4.13 所示。

表 4.13　样品 1-6 的测试结果

样品编号	太阳反射比	半球发射率	隔热因子	ΔT/℃
1	0.32	0.87	0.028	11
2	0.58	0.88	0.19	9
3	0.69	0.87	0.247	7
4	0.75	0.89	0.251	7
5	0.85	0.88	0.348	5
6	0.86	0.87	0.292	6

注：ΔT 为试验前后测试箱中空气温度的差值。

　　依据热力学公式 $Q_{吸收} = cm\Delta T$ 可知，对于初始温度与体积均相同的空气而言，温差越大，其吸收的热量越多。就测试箱中的空气而言，其吸收的热量即为通过测试板材传递到测试箱中的热量。从表 4.11 可直观看出，样品 1～5 试验前后测试箱温度差值逐次减小，这说明其隔热性能依次升高，而隔热因子也相应依次增大。这表明该测试方法所测得的隔热因子能正确地反映测试样品的隔热性能。

由表4.11不难看出,隔热因子能够直观地反映样品隔热的程度,依据该参数能够容易地辨别出不同产品隔热性能的优劣。样品6所用太阳热反射涂料功能性填料为金属粉体,样品5所用太阳热反射涂料功能性填料为陶瓷中空微珠。比较样品5与6隔热性能,若采用太阳反射比与半球发射率两参数则难以进行比较;而采用隔热因子能轻易得出样品6的隔热性能优于样品5的结论。

该测试方法模拟了太阳辐射、空气温度及风等环境因素,能够真实反映出金属冷屋面板在实际使用中的隔热效果。此外,该测试方法通过测试流过参比板与样品之间热量比来表征金属冷屋面板的隔热性能,因此对于采用不同基材及不同导热系数涂层的样品,其综合隔热性能均能得以反映。

对于同一种基材的金属冷屋面板而言,太阳反射比与半球发射率能够揭示其与普通金属屋面板材相比具有隔热节能性能的原因,而隔热因子则能够全面直观显示出其隔热节能的效果,弥补了两者在表征金属冷屋面板材上的不足。

参考文献

[1] David Hewwet. Protecting the roof that protects you [J]. Construction Repairer. 1989, 3 (8): 24-25.

[2] Paul Berdahl. Building energy efficiency and fire safety aspects of reflective coating [J]. Energy and Environment Division, CA94720, USA.

[3] Lany Clark. Effects of particle sile on starling preference for food coated with activated preference for food coated with activated charcoal [P]. PA10104, USA.

[4] 康翠荣,孟庆英,等. 太阳能发射涂层屏蔽热辐射的研究 [J]. 涂料工业,1996,4:12-13.

[5] 康翠荣,孟庆英,等. 太阳能发射涂层屏蔽热辐射的研究 [J]. 涂料工业,1996,5:38-39.

[6] 侯翠红,孙吉梅,张宝林等. 红外反射涂料在玻璃上的隔热效果研究 [J]. 郑州大学学报(工学版),2007,28 (2):54-56.

[7] 黄晨,李美玲,邹志军. 大空间建筑室内热环境现场实测及能耗分析 [J]. 暖通空调,2000,30 (6):52-55.

[8] 沈辉,谭洪卫. 太阳热反射涂料在夏热冬暖地区厂房屋顶的使用效果研究 [J]. 建筑科学,2009,25,3:49-53.

[9] 梁志勤. LB-30隔热防水涂料在轻金属屋面上的应用 [J]. 中国建筑防水,2011,7:17-20.

[10] Lee Shoemaker. W. Cool metal roofs provide long-term solutions [J]. Construction Speciffier, 2003, 58 (8):64-69.

[11] Kriner, Scott. Cool metal roofing [J]. Construction Speciffier, 2006, 59 (12):82-92.

[12] 陆洪彬,陈建华. 隔热涂料的隔热机理及其研究进展 [J]. 材料导报,2005,19 (4):71-73.

[13] 夏正斌,涂伟萍,杨卓如,等. 建筑隔热涂料的研究进展 [J]. 精细化工,2001,18 (10):599-602.

[14] 江晴,李戬洪,卢显强. 海灰色选择性热反射涂料的实验研究 [J]. 太阳能学报,1999,20 (4):455-450.

[15] 郭年华. 聚氨酯改性氯丙树脂太阳热反射涂料的研制 [J]. 现代涂料与涂装，2003，(1)：6-9.

[16] 李文丹，陈建华，陆洪彬，等. TiO₂ 包覆粉煤灰漂珠外墙隔热涂料的研究 [J]. 化工新型材料，2007，35（9）：69-71.

[17] 陆洪彬，陈建华，李文丹，等. 二氧化钛包覆粉煤灰漂珠的研究 [J]. 现代化工，2007，(S2)：200-202.

[18] 李文丹，陈建华，陆洪彬，等. 二氧化钛包覆空心玻璃微珠隔热涂料的制备及性能研究 [J]. 涂料工业，2008，38（3）：33-36.

[19] 陆洪彬，陈建华，冯春霞，等. 太阳热反射涂料反射比的测定与计算 [J]. 涂料工业，2008，38（7）：46-49.

[20] 陈先，郭年华，李明，等. 功能涂料太阳热反射率测试方法研究 [J]. 化工新型材料，2000，28（2）：36-38.

[21] 任卫. 红外陶瓷 [M]. 武汉：武汉工业大学出版社，1999.

[22] 葛新石. 大气"窗口"和辐射制冷 [J]. 自然杂志. 1981，(8)：5-9.

[23] 杨世铭，陶文铨. 传热学 [M]. 北京：高等教育出版社，2006.

[24] 陈国栋，涂伟萍，程江. 太阳热反射涂料的研究 [J]. 涂料工业，2002 (l)：3-5.

[25] 贾爱忠. 自清洁隔热功能涂覆材料的制备及性能 [D]. 天津：河北工业大学，2004.

[26] 许新，李秀艳，王高升，等. 颜料对太阳热反射涂层反射率性能的影响 [J]. 现代涂料与涂装，1998 (4)：3-5.

[27] 马庆芳，方荣生，项立成，等. 实用热物理性能手册 [K]. 北京：中国农业出版社，1986.

[28] 刘先春. 太阳热反射涂料 [P]. CN 1204672，1999-01-13.

[29] Nelson N R. Water-based thermal paint [P]. US544554，1995-08-29.

[30] 张敏. 水性反光隔热罩面涂料 [J]. 中国建筑防水，1997，(2)：19-20.

[31] 洪晓. 太空反射绝热涂料的研制 [J]. 新型建筑材料，2005，(5)：56-5.

[32] 王金台，路国忠. 太阳热反射隔热涂料 [J]. 涂料工业，2004，34（10）：17-20.

[33] 李文丹，陈建华，陆洪彬，冯春霞. 二氧化钛包覆空心玻璃微珠隔热涂料 [J]. 涂料工业，2008，38（3）：33-36.

[34] Hallissy G，Higbie，William G. Flexible and adherent in tumescent fire protective insulating coating for pre-installation or post-installation application to structural o rutilitarian components, e. g. structural steel, comprises expandable flake graphite [P]. US 2004054035，2004-03-18.

[35] 朱骥良，吴申年. 颜料工艺学 [M]. 北京：化学工业出版社，2001.

[36] 色彩学编写组. 色彩学 [M]. 北京：科学出版社，2001.

[37] P. Berdahl. Pigments to reflect the infrared radiation from fire [J]. Journal of Heat Transfer. 1995，117：355-358.

[38] Do Yong Byun，Seung wook Baek. Effects of coating layer with pigment on the reflectance of external radiation [I]. Numerical Heat Transfer Part A. 1998，34：687-707.

[39] Jams M. Abrige，P. E，High—Albedo. Roof coatings—impact on energy consumption. ASHRAE Transactions. 1998，5：957-987.

[40] Danny S. Parker，Stephen F. Barkaszl. Roof solar reflectance and cooling energy use：field research results from Florida. Energy and Buildings. 1997，25：105-115.

[41] Paul Berdahl. Building energy efficiency and fire safety aspects of reflective coatings. Energy and Buildings. 1995，22：187-191.

[42] Hashem Akbari. Calculations for reflective roofs in support of standard 90. 1 ASHRAE Transactions.

Symposia. 1998, 5：976-978.

[43] David W. Yarbrough. Use of radiation control coatings to reduce building air-conditioning loads. Energy Source. 1993, 15 (1)：59-66.

[44] 邱童, 徐强, 李德荣, 等. 建筑外墙隔热涂料节能效果实测研究 [J]. 新型建筑材料, 2010, 9：80-82.

[45] 邱童, 范洪武, 徐强, 等. 热反射隔热屋面的应用研究 [J]. 建筑节能, 2010, 38 (238)：58-60.

[46] 冯春霞, 陈建华, 张烨, 等. 新型建筑隔热涂料的室外降温效果 [J]. 化工新型材料, 2009, 37 (4)：35-37.

[47] 徐斌, 叶宏, 张成美. 隔热涂层降低建筑顶层空调动态负荷的数值模拟 [J]. 太阳能学报, 2008, 29 (7)：862-870.

[48] 沈辉, 谭洪卫. 太阳热反射涂料在夏热冬暖地区厂房屋顶的使用效果研究 [J]. 建筑科学, 2009, 25, 3：49-53.

[49] JG/T 235 -2008, 《建筑反射隔热涂料》[S].

[50] 周雪梅, 李兵, 曹红锦, 等. 彩色建筑节能热反射隔热涂料研究 [J]. 表面技术, 2009, 38 (5)：39-41.

[51] 陈中华, 苏国微, 马丽丽. 金属用水性隔热防腐涂料的研制 [J]. 装备环境工程, 2009, 6 (1)：21-26.

[52] 程明, 吉静, 常雨鑫. 热反射颜填料对建筑节能涂料的影响 [J]. 北京化工大学学报 (自然科学版), 2009, 36 (1)：50-54.

[53] 刘杰, 李翔, 魏刚. 水性太阳热反射隔热涂料的研究 [J]. 北京化工大学学报 (自然科学版), 2009, 36 (1)：44-49.

[54] 郭声波, 叶建军. 反光隔热防水涂料的研究 [J]. 新型建筑材料, 2005, 10：46-49.

[55] 徐梦漪, 王鹏, 皮丕辉, 文秀芳, 蔡智奇, 程江, 杨卓如. 隔热预涂金属卷材涂料的进展 [J]. 化工新型材料, 2010, 38, 3：44-47.

[56] 中国新能源与可再生能源 1999 白皮书 [M]. 北京：中国计划出版社, 2000.

第5章　隔热吸波墙材在海滨环境下的腐蚀老化行为研究

5.1　引　言

海洋环境下墙体要承受静止载荷、潮汐、海风海洋地震等运动载荷与海洋雨雾、盐雾的侵蚀，因此，除要求墙体材料具有更高的力学性能外，还需具有耐湿热、耐盐雾侵蚀能力。此外，为了提高海洋岛礁建筑和海洋设施的舒适度、安全性和防探测功能，对墙体材料提出了更多功能性的要求，如隔热保温、吸波等特性。本章以硅酸盐隔热板和绝热隔潮吸波墙材为研究对象，进行自然环境（琼海、三亚）暴露试验，研究其在海滨环境下的腐蚀老化行为。

5.2　硅酸盐隔热板在海滨环境下的腐蚀老化行为

选用涂覆不同种类涂层（有机氟、有机硅）的硅酸盐隔热板，研究其在海南琼海和三亚自然环境下的腐蚀老化行为规律。有机氟涂膜和有机硅涂膜硅酸盐隔热板在琼海和三亚大气试验站暴露0.5年和1年后的形貌照片如图5-1和图5-2所示。图（a）和（c）中大的裂缝是样品运输过程中造成的。

对硅酸盐隔热板力学性能和隔热性能以及表面涂膜的性能进行测试，结果见表5.1至表5.3。从表中结果可知，硅酸盐隔热板经过琼海和三亚0.5和1年暴露后的力学性能和隔热性能基本无变化。两种涂膜经过自然暴露后铅笔硬度均略有升高，附着力下降，尤其是有机硅涂膜的附着力由1级下降为4级。且有机硅涂膜在琼海自然环境下暴露1年后出现剥落现象。综合比较而言，有机氟涂膜的耐老化性能优于有机硅涂膜。

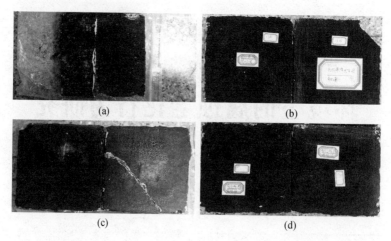

图 5-1　有机氟涂膜（a）、（b）和有机硅涂膜（c）、（d）硅酸盐隔热板在琼海（a）、（c）
和三亚（b）、（d）大气试验站暴露 0.5 年后形貌观察

图 5-2　有机氟涂膜（a）、（b）和有机硅涂膜（c）、（d）硅酸盐隔热板在琼海（a）、（c）
和三亚（b）、（d）大气试验站暴露 1 年后形貌观察

表 5.1 硅酸盐隔热板 0.5 和 1 年暴露后性能变化

序号	测试项目	初始性能	0.5 年暴露后性能		1 年暴露后性能	
			琼海	三亚	琼海	三亚
1	抗压强度/MPa	0.56	0.60	0.59	0.61	0.60
2	抗折强度/MPa	0.25	0.27	0.28	0.28	0.28
3	体积变化/%		线收缩0.012%	线收缩0.011%	线收缩0.013%	线收缩0.012%
4	质量变化/%		增加0.01%	增加0.01%	增加0.01%	增加0.01%
5	外观形貌变化		无肉眼可见变化	无肉眼可见变化	无肉眼可见变化	无肉眼可见变化
6	导热系数/ (W·m^{-1}·K^{-1})	0.076	0.079	0.077	0.080	0.078
7	密度/ (g·cm^{-3})	0.30	0.31	0.30	0.31	0.31

表 5.2 有机氟涂膜硅酸盐隔热板 0.5 和 1 年暴露后性能变化

序号	测试项目	初始性能	0.5 年暴露后性能		1 年暴露后性能	
			琼海	三亚	琼海	三亚
1	附着力/级	1	2	2	2	2
2	铅笔硬度	3H	4H	4H	4H	4H
3	外观变化		无肉眼可见变化	无肉眼可见变化	无肉眼可见变化	有少许条状裂纹

表 5.3 有机硅涂膜硅酸盐隔热板 0.5 和 1 年暴露后性能变化

序号	测试项目	初始性能	0.5 年暴露后性能		1 年暴露后性能	
			琼海	三亚	琼海	三亚
1	附着力/级	1	4	4	4	4
2	铅笔硬度	4H	5H	5H	5H	5H
3	外观变化		局部出现块状裂纹	局部出现条状裂纹	出现块状剥落	局部出现裂纹

5.3 绝热隔潮吸波墙材在海滨环境下的腐蚀老化行为

图 5-3 为绝热隔潮吸波墙材在琼海和三亚大气试验站暴露 1 年后的形貌照片。从图中结果可知，绝热隔潮吸波墙材样品暴露 1 年后外观基本没有变化。力学和吸波等性能的测试结果如表 5.4 所示，结果表明，绝热隔潮吸波墙材样品在琼海大气试验站暴露 1 后的抗压强度、拉伸强度和吸水量基本不变；但在三亚大气试验站暴露 1 后抗压强度和拉伸强度略有下降，吸水量略有增加，表明材料的力学性能开始劣化。经过 1 年琼海和三亚自然暴露后，绝热隔潮吸波墙材样品在 2～18Hz 频段的平均吸波性能均小幅下降。

(a)   (b)

图 5-3　绝热隔潮吸波墙材在琼海（a）和三亚（b）大气试验站暴露 1 年后形貌观察

表 5.4　绝热隔潮吸波墙材 1 年暴露后性能变化

序号	测试项目	初始性能	1 年暴露后性能	
			琼海	三亚
1	抗压强度/MPa	0.40	0.40	0.30
2	拉伸强度/MPa	0.30	0.34	0.27
3	吸水量/kg/m²	0.12	0.12	0.14
4	平均吸波性能/dB（2~18Hz）	−10.47	−10.03	−9.98

第6章　海工混凝土在海滨环境下的腐蚀老化行为研究

6.1 引　　言

我国正在进行着当今世界最大规模的土木工程建设，每年水泥用量超过世界总用量的1/2，这是改革开放的巨大成果。然而，建筑特别是沿海、岛礁地区的建筑的耐久性是当今世界建筑面临的巨大问题，它足以影响一个国家的可持续发展。在影响建筑、基础设施耐久性的诸多因素中，腐蚀是重要因素，甚至有时是关键因素。我国腐蚀环境多样化且比较严酷，尤以沿海、岛礁地区更甚应该高度重视腐蚀危害和其可能给国民经济造成的影响，关注海工混凝土在沿海、岛礁地区环境下的耐久性。

混凝土的耐久性是指混凝土材料和结构，在正常使用过程中在外界环境因素（水、空气、盐、碱、酸、电流、光、CO_2等）和混凝土内部缺陷（裂缝、孔隙等）长期共同作用下，功能不致显著降低的性质。或者说是在设计耐久寿命内抵抗外界环境因素或混凝土内部缺陷所产生的侵蚀破坏作用的能力。

混凝土结构耐久性研究是一个复杂的综合性课题，根据已有的研究成果可知，耐久性分析需要考虑环境、材料、构件和结构等4个层次：（1）环境层次，包括：大气环境，海洋环境，土壤环境，工业环境；（2）材料层次，包括：混凝土碳化，氯盐腐蚀，冻融破坏，碱-集料反应，钢筋锈蚀，机械磨损；（3）构件层次，包括：锈胀开裂模型，性能衰退模型，构件承载力的变化；（4）结构层次，包括：对未建混凝土结构进行耐久性设计，对服役混凝土结构进行耐久性评估。

钢筋混凝土结构受自然环境影响和荷载作用下逐渐因发生材料性能的劣化而引起结构性能的衰退，最终导致混凝土的破坏，这是一个不可逆的过程。纵观各种影响因子，有些是可以在设计和建造期间采取有效措施防止的，如碱骨料反应；有些是不可避免的，如钢筋锈蚀、寒冷气候下的冻融循环。耐久性研究的目的是为设计、施工和维修中的工程决策提供科学依据，耐久性基础理论的研究是以达到这一目的为前提。

混凝土结构耐久性设计的内容包括：（1）耐久性材料的选择。根据使用环境条件、设计使用年限和耐久性等级的要求，选择混凝土原材料和配合比，掺入不同数量的引气剂，控制混凝土中的氯离子含量，采用环氧涂层钢筋或耐腐蚀的合金钢材等。（2）结构构造设计。应区别普通混凝土和预应力混凝土，分别针对不同的侵蚀环境条件和设计使用年限，取用不同的混凝土保护层厚度，构件处于可能遭受严重锈蚀环境时，应控制受力钢筋最小直径不小于 16mm。（3）限制裂缝宽度。（4）施工要求。（5）对结构使用的要求。

根据环境作用的特点和腐蚀性，在混凝土结构耐久性预测中，主要有以下几种准则：（1）碳化寿命准则——碳化寿命准则是以保护层混凝土碳化，从而失去对钢筋的保护作用，使钢筋开始产生锈蚀的时间作为混凝土结构的寿命。到目前为止，基本上是以混凝土碳化深度达到钢筋表面作为钢筋开始锈蚀的标志。考虑到氯离子等综合作用，需要对预测结果进行修正。采用碳化寿命准则的理由，主要是考虑到钢筋一旦开始锈蚀，不大的锈蚀量、不长的时间就足以使混凝土开裂，而开裂后锈蚀受到很多随机因素的影响，很难做出定量的估计。（2）锈胀开裂寿命准则——锈胀开裂寿命理论是以混凝土表面出现顺筋的锈胀裂缝所需时间作为结构的使用寿命。这一准则认为，混凝土中的钢筋锈蚀使混凝土纵裂以后，钢筋锈蚀速度明显加快，将这一界限视为危及结构安全，需要维修加固的前兆；（3）裂缝宽度与钢筋锈蚀量限值寿命准则——由于锈胀开裂的标准很难定量，且锈胀开裂对于大多数结构的安全性和适用性影响不大。于是，人们又提出了裂缝宽度与钢筋锈蚀量控制的寿命准则，即认为锈胀裂缝宽度或钢筋锈蚀量达到某一界限值时寿命终止；（4）承载力寿命准则——承载力寿命理论是考虑钢筋锈蚀等引起的抗力退化，以构件的承载力降低到某一界限值作为耐久性极限状态。粘结性能和钢筋力学性能的退化，混凝土有效截面的减少是结构承载力降低的重要原因。当承载力不能满足安全使用要求时，结构即发生承载力失效；（5）混合寿命预测——近年来，一些学者采用寿命分布理论等来预测结构的寿命。通过对结构状况和寿命分布的调查，得到结构的寿命分布函数，以预测其他结构的剩余寿命。国内外的研究大多考虑在结构性能衰减的结构可靠度分析上，将结构性能作为时变随机变量或随机过程，以正常使用极限状态或承载力极限状态的失效概率作为判断准则，从而得到结构的寿命[1-2]。

6.2　海工混凝土耐久性的影响因素

沿海、岛礁地区混凝土结构工程耐久性主要受到以下几方面的影响：

6.2.1 钢筋混凝土保护层厚度

保护层厚度是钢筋混凝土耐久性设计的重要内容，保护层厚度不够，混凝土的钢筋得不到有效的保护，钢筋很容易锈蚀；保护层厚度太厚，钢筋混凝土结构受力设计又受到影响。

6.2.1.1 水下钢筋混凝土结构抵抗氯离子需要保护层厚度的计算

水下钢筋混凝土结构的腐蚀主要有各种有害离子（Cl^-、SO_4^{2-}、Mg^{2+} 等）对混凝土保护层的腐蚀和对钢筋的锈蚀作用。计算水中氯离子的侵蚀情况下，混凝土结构的设计寿命为 100 年时，钢筋保护层的厚度。由于在水中氯离子浓度可以假设为恒定不变的，所以可以参考菲克第二定律：

$$\frac{\partial C}{\partial t} = D\frac{\partial^2 C}{\partial x^2} \tag{6-1}$$

式中　C——氯离子的浓度（氯离子占胶凝材料或混凝土的质量百分比）；

　　t——结构暴露于氯离子环境中的时间，s；

　　x——距离混凝土表面的深度，m；

　　D——氯离子的扩散系数，m^2/s。

菲克第二定律可以方便地将氯离子的扩散浓度、扩散系数与扩散时间联系起来，拟合结构的实测结果。在下述初始和边界条件下即 $C(x=0, t)=C_s$，$0<t<\infty$；$C(x, t=0)=C_0$，$0<x<\infty$时，得到其解析解为：

$$C_{x,t}=C_0+(C_s-C_0)\left[1-\mathrm{erf}\left(\frac{x}{2\sqrt{Dt}}\right)\right] \tag{6-2}$$

式中　$C_{x,t}$——t 时刻 x 深度处的氯离子浓度（氯离子占胶凝材料或混凝土的质量百分比）；

　　C_0——氯离子初始浓度（氯离子占胶凝材料或混凝土的质量百分比）；

　　C_s——氯离子表面浓度（氯离子占胶凝材料或混凝土的质量百分比）；

　　D——氯离子的扩散系数，m^2/s；

erf（z）为误差函数，定义为：

$$\mathrm{erf}(x)=\frac{2}{\sqrt{\pi}}\int_0^x e^{-t^2}\,\mathrm{d}t \tag{6-3}$$

有研究质疑了仅利用氯离子侵蚀的简单扩散模型进行预测的准确性。考虑氯离子的离子特性，Chatsterji 认为仅仅基于 Fick 第二定律建立的模型是不可靠的。同时他指出，这一扩散模型没有考虑通过吸附作用传输的氯离子，吸附作用的影响是随时间而减小的。此外，把混凝土的氯离子总水准作为未来腐蚀风险的主要指标也是不可靠的，有如下原因：

① 混凝土的氯离子扩散值随时间不是常数，可能由于水化作用的影响而

降低；

② 距混凝土表面的深度不同，扩散速率随之变化；

③ 对于不同胶凝材料对氯离子的凝结作用，目前还未进行充分研究；

由于混凝土从外界吸收氯离子的过程，以及通过保护层的渗透过程都包含一系列复杂的机理，因此氯离子侵入模型的寿命预测方法十分复杂。但是可以公认的是，目前广泛应用地最好的模型参数是基于 Fick 第二扩散定律误差解法的表观氯离子扩散系数。这一公式尤其适用于大部分时间处于水湿润状态的混凝土，比如水下和海边的结构。尽管有缺陷，误差解法仍然可以用来预测氯离子的分布，从而由钢筋附近的临界氯离子限值来建立对结构寿命的评价。公式虽然不能完善地模拟氯离子侵入混凝土的情形，但是可以应用经验的方式来估计。输入参数可以从使用结构的数据中得到，另外，考虑吸附作用的影响，计算出的保护层厚度可以加上 10mm 的附加值。

假设混凝土用水中氯离子的含量为 0，所以公式（6-2）变为：

$$C_{x,t} = C_s \left[1 - \mathrm{erf} \left(\frac{x}{2\sqrt{Dt}} \right) \right] \tag{6-4}$$

据文献 [3] 指出，在湛江码头调查中，钢筋锈蚀的临界值范围是 $0.16\%\sim 0.21\%$（占砂浆的比重）。文献 [4] 指出，钢筋锈蚀的氯离子临界含量就水泥重量而言是 0.5%，以砂浆重量计是 0.167%。取钢筋锈蚀的临界值为 0.18（占砂浆的比重）。对于氯离子扩散系数 D，各国学者均进行了广泛的研究，文献 [5] 的研究指出：水灰比为 0.25、0.30、0.35 时，扩散系数分别为 4.1×10^{-9}、7.6×10^{-9}、1.1×10^{-8} cm/s。水灰比为 0.30 时，D 为 7.6×10^{-9} cm/s $= 0.24$ cm/yr，假设氯离子的浓度为 $C_s = 0.6\%$，将 $C_{x,t} = 0.18\%$，$C_s = 0.6\%$，$D = 0.24$ cm/yr，$t = 100$ 年代入式（6-4），得：

$$\mathrm{erf} \left[\frac{x}{2\sqrt{Dt}} \right] = \mathrm{erf} \frac{x}{4\sqrt{6}} = 0.7 \tag{6-5}$$

所以，$x = 7.2$cm，由于吸附作用的影响，再加上附加值：$x = 7.2 + 1.0 = 8.2$cm。

6.2.1.2 空气中钢筋混凝土结构抵抗碳化对保护层厚度的要求

混凝土碳化是指大气中的 CO_2 不断向混凝土内部扩散，并与其中的碱性物质发生化学反应使混凝土的碱度降低直至中性化的过程；这是一个缓慢而复杂的过程，涉及许多材料、荷载与环境变量，如混凝土水灰比、可碳化物质含量、环境的温度与湿度、CO_2 浓度、荷载作用方式及水平、混凝土密度与孔结构的时间依赖性等，这些变量中有的表现为很大的随机性，因此需要系统地掌握不同影响因素如材料的因素、环境的变化、荷载的作用等对混凝土结构的劣化过程的影响。保护层混凝土碳化后，钢筋（尤其是箍筋）在环境水、氧等因素作用下锈蚀速度加快，导致钢筋混凝土桥梁使用性能劣化。由于桥梁维修费用高昂且维修效果大多不理想，今后应在设计、施工和养护各阶段对桥梁的耐久性问题给予足够重视，而控制保护层厚度以及其碳化速度是保证桥梁的使用性能、延长结构使用寿命的重要措施之一[6]。

下面采用已有的经验模型计算大桥钢筋混凝土结构使用 100 年保护层所需的厚度：

原苏联学者阿列克谢耶夫等人基于 Fick 第一扩散定律给出如下形式的混凝土碳化深度预测数学模型：

$$x = \sqrt{2D_cC_0/M_0} \cdot \sqrt{t} \tag{6-6}$$

从混凝土碳化机理来看，混凝土的碳化速度主要取决于二氧化碳的扩散速度和混凝土本身的密实性。国内外的大量碳化试验与碳化调查结果均表明，混凝土的碳化深度 x 与碳化时间 t 的平方根接近成正比，即：

$$x = k \cdot \sqrt{t} \tag{6-7}$$

桥梁混凝土的碳化反应是一种缓慢的化学反应过程，因野外大气环境下 CO_2 气体浓度变化不大，混凝土碳化主要受到环境温度、相对湿度等环境条件的影响。在碳化过程中，气体的扩散速度和碳化反应速度一般随环境温度的升高而加快。环境相对湿度的变化决定着混凝土孔隙水饱和度的大小，湿度变化对碳化速度影响也较为明显。建立了环境相对湿度对碳化的影响公式：

$$\frac{k_{RH_1}}{k_{RH_2}} = \frac{(1-RH_1)^{1.1}}{(1-RH_2)^{1.1}} \tag{6-8}$$

式中 k_{RH_1}，k_{RH_2}——分别为 RH_1，RH_2 两种环境相对湿度下的碳化速度系数。

由于环境温度、相对湿度有较强的相关性，综合考虑环境温度与相对湿度对碳化速度的影响，将环境温度影响系数与相对湿度影响系数综合为环境因子 k_e，由下式计算：

$$k_e = 2.56\sqrt[4]{T}\ (1-RH)\ RH \tag{6-9}$$

式中 T——环境的年平均温度（℃）；

RH——环境的年平均相对湿度（%）。

混凝土抗压强度是反映混凝土性能的综合指标，一般情况下，强度高的混凝土抗碳化能力强。通过收集了国内外长期暴露试验与实际工程调查的碳化数据 64 组（数据均是由酚酞酒精溶液测出的碳化深度平均值）[7]，并进行回归分析，提出了大气环境下混凝土抗压强度与碳化速度系数的关系表达式，即

$$k_f = \frac{57.94}{f_{cu,k}} - 0.76 \tag{6-10}$$

式中 $f_{cu,k}$——混凝土立方体抗压强度标准值（MPa）；

k_f——混凝土强度控制的碳化速度系数（$mm/a^{0.5}$）。

根据影响混凝土碳化的主要因素分析，提出碳化深度预测的多系数随机模式，（6-7）式变为下式

$$x(t) = k_{mc} \cdot k_{ws} \cdot k_e \cdot k_f \cdot \sqrt{t} \qquad (6-11)$$

式中　k_{ws}——风压和工作应力影响系数；

　　　k_e——环境因子随机变量，主要考虑环境温度与相对湿度对碳化的影响；

　　　k_f——混凝土质量影响系数，主要考虑混凝土强度的影响；

　　　k_{mc}——计算模式不定性随机变量，主要反映模型计算结果与实际测试结果之间的差异，同时，也包含计算模型中未能考虑的随机因素影响。

结合上述分析结果，（6-7）式中的混凝土碳化系数 k 的随机模型可以表示为：

$$k = 2.56 \cdot k_{mc} \cdot k_{ws} \cdot \sqrt[4]{T} \cdot (1-RH) \left(\frac{57.94}{f_{cu}} \cdot m_c - 0.76 \right) \qquad (6-12)$$

式中　f_{cu}——混凝土立方体抗压强度（MPa），是随机变量；

　　　m_c——混凝土立方体抗压强度平均值与标准值之比值。

混凝土保护层厚度一般都是假设在混凝土结构没有发生收缩开裂条件下得到的，如果混凝土结构发生了收缩开裂，则上述计算结果需要根据裂缝具体情况进行修订，或者根据裂缝对钢筋混凝土结构的耐久性影响对其使用寿命进行修订。

6.2.2　碳化（中性化）腐蚀

6.2.2.1　碳化机理及碳化程度评价

一般来说混凝土呈碱性，大气中的二氧化碳、酸雨中的氮化物与硫化物、土壤或地下水中的酸性物质以及火灾、微生物等作用下的混凝土呈中性或接近于中性（此时酚酞溶液呈无色），这种过程称为混凝土的中性化。空气中混凝土的碳化是混凝土中性化最常见的形式，它是水泥石中的水化产物与空气中二氧化碳发生分解反应，使混凝土成分、结构和性能发生变化，使用功能下降的一种很复杂的物理化学过程。碳化降低混凝土的碱度，破坏钢筋表面的钝化膜，使混凝土失去对钢筋的保护作用，给混凝土中钢筋锈蚀带来不利的影响。同时，碳化还会影响混凝土收缩、强度、结构、离子迁移等诸多性质。可以说混凝土在使用过程中的碳化是难以避免的，而大气中的二氧化碳浓度又在急剧增加。1800 年前南极大气中的二氧化碳浓度一直保持为 280ppm，1999 年上升到350ppm，而 2030 年预计达到 460ppm。随着大气中二氧化碳浓度的不断增长以

及工厂排出的废液、废渣使河川与地下水中二氧化碳浓度提高，混凝土的碳化也将遇到严峻的考验。因此，混凝土碳化作为一个不可忽视的问题，正受到人们越来越多的关注[8-9]。

关于混凝土碳化机理总结如下：

（1）混凝土碳化时 $Ca(OH)_2$ 发生碳化反应的同时，C—S—H 等其他水化产物也发生分解反应。

（2）混凝土孔溶液绝大多数为 Na^+、K^+ 和与其保持电性平衡的 OH^-，Ca^{2+} 含量微乎其微。$Ca(OH)_2$ 大部分是以固相状态存在的，混凝土碳化时 $Ca(OH)_2$ 晶体是保持孔溶液 OH—浓度的来源。

（3）混凝土孔溶液中 Na^+、K^+ 浓度越高，pH 值越大；Ca^{2+} 浓度越高，pH 值越小。混凝土含碱量增加，碳化后的 $CaCO_3$ 溶解度减小，即孔溶液中 Ca^{2+} 浓度减少，$Ca(OH)_2$ 晶体的溶解速度加快，加速混凝土碳化。混凝土含碱量高，碳化速度加快。

（4）常用的混凝土碳化评价方法有酚酞指示剂的呈色方法、热分析方法、X 射线物相分析方法和电子探针显微分析方法等。酚酞指示剂间接反映混凝土的碳化程度，使用简便，成本低，但精度不高，影响因素多；而热分析法、X 射线和 EPMA 直接反映碳化程度，精度高，成本也高。因此应根据使用条件和环境，正确选择碳化程度的评价方法[10]。

6.2.2.2 碳化速度的影响因素及碳化对混凝土品质的影响

混凝土碳化是伴随着 CO_2 气体向混凝土内部扩散，溶解于混凝土内的孔隙水，再与各水化产物发生碳化反应的复杂的物理化学过程。混凝土的碳化速度取决于 CO_2 气体的扩散速度及 CO_2 与混凝土水化产物的反应性。而 CO_2 气体的扩散速度又受混凝土本身的结构密实性、CO_2 气体的浓度、环境湿度和温度等诸多因素的影响。碳化反应受混凝土孔溶液组成、水化产物的形态、温度等因素的影响。这些影响因素可归结为与混凝土自身特点相关的内部因素和与环境特点相关的外界因素。服役混凝土构筑物在这些内外因素的作用下逐渐碳化，降低混凝土的碱度，破坏钢筋表面的钝化膜，使混凝土失去对钢筋的保护作用。过去混凝土的碳化常与钢筋锈蚀联系在一起，对混凝土自身结构和性能的影响常被忽视。实际上碳化给混凝土中钢筋带来不利影响的同时，还会给混凝土的强度、弹性模量及体积稳定性等带来一些变化。因此，分析混凝土的碳化规律，研究碳化引起的混凝土结构和性能的变化对于混凝土结构的耐久性研究具有重要的意义[11]。

碳化对混凝土结构及性能的影响主要体现在：

（1）混凝土碳化时孔径和总孔隙率均减少。砂浆碳化后碳化区孔隙总体积明显减少，说明混凝土碳化在由表向里进行的同时，CO_2 通过连通毛细孔迅速到达混凝土内部，在孔隙周围发生碳化反应导致未碳化区的总孔隙率减少。这从砂浆内部未碳化区存在碳酸钙晶体中也得到了证实。

（2）混凝土碳化时质量随之增加。从碳化方程式 $Ca(OH)_2 + H_2O + CO_2 \longrightarrow CaCO_3 + 2H_2O$ 中可以看出：由于混凝土吸收分子量 44 的 CO_2 后释放出分子量 18 的 H_2O，质量随之增加。一般来说混凝土试块具有一定的厚度，碳化很难达到混凝土中心部位。如果测定混凝土表层碳化部分质量时，水灰比为 0.65 的混凝土在 20℃、相对湿度 60% 条件下养护 3 个月时质量约降低 019%；而在同样温湿度条件下 10% CO_2 碳化箱中加速碳化 3 个月时碳化表层质量约增加 1.2%。

（3）混凝土碳化时产生体积收缩。碳化收缩的诸多影响因素中湿度的影响最大。相对湿度约为 50% 时收缩最大。

（4）混凝土碳化后抗压强度有所提高，这是由于混凝土碳化时生成 $CaCO_3$ 密实混凝土结构，从而提高了强度。但也有学者认为，不同 CO_2 浓度下达到同样碳化深度时抗压强度有所区别，比如 CO_2 在浓度分别为 1% 和 10% 碳化箱中碳化时的抗压强度较标准养护时的抗压强度均有所增加；而在大气中自然碳化时强度有所降低。这里所指的强度并不是混凝土或砂浆完全碳化时的强度，而是混凝土或砂浆部分表层碳化后的抗压强度。一般来说加速碳化时混凝土试件始终处于良好的养护环境，而实际的混凝土构筑物常常处于干湿循环等恶劣环境中。因此加速碳化时强度有所增加，而实际混凝土构筑物的强度有所降低[12]。

（5）氧的扩散系数随碳化龄期逐渐减小，其减小幅度随龄期变小。这是由于碳化过程中表层变得致密，使氧的扩散系数减小。

（6）一般来说，混凝土内部的 pH 值达到 12~13，使混凝土具有较高的碱性。在这种碱性环境条件下钢筋表面形成钝化膜，起着保护钢筋的作用。随着碳化反应的进行，混凝土的 pH 值降低，完全碳化混凝土的 pH 值为 8~9，使混凝土中的钢筋脱钝，产生锈蚀。如果混凝土中含有氯盐，则在碳化引起的中性化和 Cl^- 浓缩共同作用下加速钢筋腐蚀[13-14]。

6.2.3　化学腐蚀

混凝土的化学腐蚀主要有强碱腐蚀、镁盐腐蚀、硫酸盐腐蚀、酸性气体腐蚀、氯离子腐蚀、碳化腐蚀、碱集料反应等。

6.2.3.1　强碱的腐蚀

目前有些公司水处理构筑物中的废液是强碱性，对建筑腐蚀严重。当混凝土有蒸发表面时，碱对混凝土的腐蚀主要表现为与空气中的 CO_2 在混凝土表面或空隙中产生强烈的碳化作用，其反应式如下：

$$CO_2 + 2NaOH \longrightarrow Na_2CO_3 + H_2O \qquad (6\text{-}13)$$

$$CO_2 + 2KOH \longrightarrow K_2CO_3 + H_2O \qquad (6\text{-}14)$$

水分蒸发后，碳酸盐结晶：

$$Na_2CO_3 + 10H_2O \longrightarrow Na_2CO_3 \cdot 10H_2O \qquad (6\text{-}15)$$

$$K_2CO_3 + 1.5H_2O \longrightarrow K_2CO_3 \cdot 1.5H_2O \qquad (6\text{-}16)$$

当混凝土没有蒸发表面时，主要表现为碱骨料反应。所谓碱骨料反应是指混凝土原材料中的水泥、外加剂、混合材和水中的碱（Na_2O 和 K_2O）与骨料中的活性成分（氧化硅、碳酸盐等）发生反应，生成物重新排列和吸水膨胀，所产生的应力诱发产生裂缝，最后导致混凝土结构的破坏。

6.2.3.2 镁盐的腐蚀

镁盐的腐蚀属于溶解性化学腐蚀。这是由于混凝土在与高温废碱液的长期接触中，水泥中的氢氧化钙与废碱液中的镁盐（$MgSO_4$ 和 $MgCl_2$）发生置换反应，生成易溶于水的氯化钙及无胶结力的氢氧化镁，破坏水泥结构。镁盐（$MgSO_4$ 和 $MgCl_2$）与水泥中的氢氧化钙的置换反应如下：

$$Ca(OH)_2 + MgSO_4 + 2H_2O \longrightarrow CaSO_4 \cdot 2H_2O + Mg(OH)_2 \downarrow \qquad (6\text{-}17)$$

$$Ca(OH)_2 + MgCl_2 \longrightarrow CaCl_2 + Mg(OH)_2 \downarrow \qquad (6\text{-}18)$$

固相生成物积聚在空隙内，一定程度上阻挡侵蚀介质的侵入，但大量 $Ca(OH)_2$ 与镁盐反应后，碱度降低，水化硅酸钙和水化铝酸钙便易与呈酸性的镁盐起反应如下（以 $MgSO_4$ 为例）：

$$3CaO \cdot Al_2O_3 \cdot 6H_2O + 3MgSO_4 + 6H_2O \longrightarrow 3\,(CaSO_4 \cdot 2H_2O) +$$
$$2Al\,(OH)_3 + 3Mg\,(OH)_2 \downarrow \qquad (6\text{-}19)$$

$$3CaO \cdot 2SiO_2 \cdot 3H_2O + 3MgSO_4 + 9H_2O \longrightarrow 3\,(CaSO_4 \cdot 2H_2O) +$$
$$2SiO_2 \cdot 3H_2O \downarrow 3Mg\,(OH)_2 \downarrow \qquad (6\text{-}20)$$

所生成的 $Mg(OH)_2$ 还能与铝胶、硅胶缓慢反应：

$$2H_3AlO_3 + Mg(OH)_2 \longrightarrow Mg(AlO_2)_2 + 4H_2O \qquad (6\text{-}21)$$

$$2SiO_2 \cdot 3H_2O + 2Mg(OH)_2 \longrightarrow 2MgSiO_3 + 5H_2O \qquad (6\text{-}22)$$

结果使水泥粘结力减弱，导致混凝土强度降低，镁离子对构筑物有明显的腐蚀，但过程比较缓慢。其腐蚀过程是先腐蚀表面，进而向内部扩展。由于镁离子与水泥反应的产物易沉淀在水泥表面，可起到遏制腐蚀的作用，但当水的溶蚀作用较强或是混凝土构筑物本身有缺陷时，镁离子就会很容易扩散，腐蚀效果就会明显提高。另外，硫酸盐对水泥会产生膨胀性化学腐蚀，所以硫酸镁对水泥还兼有镁盐和硫酸盐的双重腐蚀作用。

6.2.3.3 硫酸盐的腐蚀

混凝土中的硫酸盐腐蚀在工程中十分普遍，是化学腐蚀中的一种，硫酸盐腐蚀破坏是由于环境介质中的硫酸盐与水泥浆体中的矿物组分发生化学反应，形成膨胀性产物或者将浆体中的 C—S—H 等强度组分分解而造成的，硫酸盐介质对水泥的腐蚀作用，及由此引起的混凝土材料破坏是影响混凝土工程服务年限的重要原因之一。这种腐蚀属于膨胀性化学腐蚀，当水泥与废碱液中的硫酸盐接触时，水泥中的氢氧化钙与之反应，生成二水石膏，二水石膏或直接在水泥空隙中结晶，产生膨胀变形，或再和水泥中的水化铝酸钙进一步反应，生成膨胀系数更大的水化硫铝酸钙。这些水化物由于含有大量结晶水，体积大量膨胀，对混凝土造成很大的破坏。硫酸盐进入混凝土内部后的膨胀性化学腐蚀作用在不同条件下有两种表现形式：G 盐破坏和 E 盐破坏。所发生的反应如下：

$$Ca(OH)_2 + SO_4^{2-} + 2H_2O \longrightarrow CaSO_4 \cdot 2H_2O + 2OH^- \tag{6-23}$$

$$3CaO \cdot Al_2O_3 \cdot 6H_2O + 3CaSO_4 + 25H_2O \longrightarrow 3CaO \cdot Al_2O_3 \cdot 3CaSO4 \cdot 31H_2O \tag{6-24}$$

6.2.4 冻融循环

冬季东北沿海地区的海工混凝土也会受到冻融循环的影响。我国混凝土抗冻耐久性的定量化设计，是根据不同建筑物的安全运行年限、不同地区的冻融循环状态及混凝土抗冻性的室内外关系，来设计的数学模型从而求出需要的混凝土抗冻等级。如下式：

$$F = K\frac{YM}{B} \tag{6-25}$$

式中 F——按安全运行年限要求的抗冻性设计等级；

Y——规定的安全运行年限，年；

M——混凝土结构所处环境的年冻融循环次数，次/年；

B——混凝土室内外冻融损伤的比例系数（1∶10～1∶15）；

K——考虑到混凝土结构运行条件的安全系数。

表 6.1 是根据上面模型计算得出，我国对混凝土抗冻安全性定量化设计的一些初步建议。

第 6 章
海工混凝土在海滨环境下的腐蚀老化行为研究

表 6.1　混凝土抗冻安全性定量化设计的初步建议

混凝土结构物的类别	安全性运行年限	地区	混凝土抗冻安全性设计等级
大坝等重要建筑物	80～100 年	东北	F800～F1000
		西北	F800～F1000
		华北	F500～F600
		华东	F100～F200
		华中	F100～F150
		华南	F50

国内外大量的研究和工程实践证明，影响混凝土抗冻性的主要因素是混凝土的含气量和水灰比，同时也与掺合料（粉煤灰等）的掺量、质量以及混凝土中气泡性质（气泡参数）和总体胶凝材料用量等因素有关。采用多元回归的方法，初步建立了混凝土能经受的抗冻融循环次数与水灰比、含气量及粉煤灰掺量的多元回归方程：

$$N=(A+1)^{1.5}e^{-11.188[W/(C+F)-0.794]-0.01307f} \tag{6-26}$$

式中　　N——混凝土能经受的最大抗冻融（快速冻融次数）次数；

　　　　A——混凝土的含气量，%；

$W/(C+F)$——水胶比；

　　　　F——粉煤灰掺量，%。

相关系数 $R=0.9348$，回归方程属基本满意。

由多元回归方程可以看出，混凝土中的含气量与混凝土的抗冻性呈幂级数关系，水灰比与抗冻性呈指数函数关系，这两者均为混凝土抗冻性的主要影响因素，而粉煤灰掺量（f）的影响较小。由于统计资料有限，尤其是粉煤灰品质的影响，包括的面还不够，尚需在更多的实验研究和实践的基础上逐步完善。

大部分从工程材料的角度出发的假说是用原因学观点解释冻融破坏的物理本质的，这些工作加深了对混凝土冻害问题的认识，也部分地解释了混凝土冻融试验的结果和冻融现象的物理背景。但是由于冻融问题的复杂性，迄今为止，从材料角度对混凝土冻融破坏的机理的认识，国内外还没有统一的结论。而原苏联的现象学观点则完全不考虑混凝土冻害的物理背景，显然存在很大的缺陷。结合原因学观点和现象学观点的研究应该是一个发展方向。

原因学观点在研究水泥石孔结构冻害的发生过程时，注意力集中在弄清楚作用于水泥石晶体骨架（更确切地说是水化物质）上力的出现原因；唯象损伤理论着重考察损伤对材料宏观力学性能的影响以及材料损伤演化的过程和规律，它不细查损伤演化的细观物理和力学过程，只求用连续损伤力学预计的宏观力学行为符合试验结果和实际情况。原因学观点是建立在液相直接作用于水泥石孔和毛细孔壁而引起水泥石受破坏的物理概念基础上的，力图解释冻害在亚微观层次上发生的物理本质；唯象学观点是建立在宏观可观察的宏观现象上，以力学概念为基础的，以解释混凝土在宏观层次上材料性能劣化现象为主。

综上所述，认识混凝土冻害机理的原因学观点和唯象损伤观点不是相互矛盾的，它们试图从不同的混凝土构造水平上观察到的冻害现象出发分别给出亚微观（细观）层次上的物理解释和宏观层次上的唯象解释，是相互补充的观点，它们按顺序地解释了混凝土从亚微观（细观）层次上到宏观层次上冻害发生的整个过程。

原因学观点侧重冻害发生的原因，唯象损伤观点侧重冻害发生的结果。从工程结构的角度看，冻融破坏的原因学观点滞后于工程实践的需要，特别是对在役混凝土冻害程度评估和寿命预测等方面急需既能联系冻融破坏的物理背景，又符合宏观冻融现象的定量方法解决实践问题。在工程力学领域内近30年来发展起来的唯象损伤理论无疑为这种需求提供了很好的工具。文献［15］指出：多孔材料的冻融破坏归根结底是一种力学行为，只有从力学的角度出发才能加以阐明。在损伤理论看来[16]，各种工程材料，无论金属与合金、聚合物与复合材料、陶瓷、岩石、混凝土以及木材等具有不同物理结构的材料，损伤的出现在微观尺度上均是在缺陷或界面的附近微应力累积和破坏的结果，在细观尺度上则是微裂纹和微空洞增长和接合的结果，导致损伤的唯象特征——其力学性能非常相似，意味着对所有的材料可以用相似的能量机理来解释共同的宏观性能。从唯象损伤理论的观点看，混凝土发生冻害直至破坏的过程是一个疲劳损伤的过程。下面，以试验事实为依据从宏观和细观两个层面上讨论混凝土冻害机理的唯象损伤理论观点。

大量宏观量测结果和微观检验结果说明了混凝土冻融疲劳损伤的机理。中国水科院[17]研究了普通混凝土、普通引气混凝土、高强混凝土在不同冻融循环次数下相对动弹模、抗压强度、抗拉强度和吸水率的变化规律。研究表明：随冻融循环次数的增加，混凝土的动弹模和强度特征均呈下降趋势；吸水率呈逐步增加的趋势，说明随冻融循环次数的增加，混凝土内部孔隙逐步增加，密实度逐步下降。对混凝土微孔结构的压汞试验表明：混凝土冻融过程中，微孔隙含量逐步增加，微孔分布曲线上的最可几孔径逐步扩大，冻融循环对混凝土微孔结构造成了连续损伤。对试样的电镜分析和X射线衍射分析表明：混凝土在冻融过程中，水化产物的结构状态发生了明显变化，由冻融前的堆积状密实体逐步变成疏松状态，且水化产物结构中出现了微裂缝，微裂缝数量和宽度随冻融过程的增加而增多和加宽；引气混凝土中的气泡壁随冻融过程的增加逐步出现开裂，且裂缝的数量和宽度随冻融过程的增加而增加。

对普通混凝土和高强混凝土分别承受 0 次、30 次、60 次、90 次冻融循环后的弹性模量、剪切模量、泊松比、抗拉强度、抗压强度的变化规律研究表明[18]：随冻融循环次数的增加，各项混凝土力学性能指标连续地降低，混凝土发生连续损伤。扫描电子显微镜的微观检验表明：冻融循环次数越多，水泥浆的裂缝及沿骨料-水泥浆接触面的裂缝愈多，而且裂缝愈为扩大。文献 [19] 测量了 0.45、0.55、0.65 三种水灰比、不同含气量、粉煤灰用量不同的混凝土试件承受最大到 300 次冻融循环的动弹模降低的规律，认为冻融过程中毛细孔不仅要张开，而且向前扩展，从而恶化了混凝土内部的孔结构，导致强度降低、弹性模量变小，在反复的冻融循环作用下，裂缝不断扩展，最终导致破坏。文献 [20-23] 测量了水灰比为 0.15 的普通混凝土承受 0 次、25 次、50 次、75 次和 100 次冻融循环后的单轴抗压和抗拉强度以及相应的峰值应变、动弹模；不同应力比加载路径下的双轴拉压强度；不同应力比加载路径下的三轴受压强度。试验结果表明：随冻融循环次数增加，抗压抗拉强度明显降低；单轴受压峰值应变随冻融循环次数增加而逐渐增大；单轴受拉峰值应变随冻融循环次数增加而逐渐减小；动弹模随冻融循环次数增加逐渐减小。随冻融循环的进行，混凝土孔隙率增大，裂纹增多，裂纹宽度变大，且逐渐贯通，结构越来越疏松。

文献 [24] 研究了水灰比分别为 0.30、0.39 和 0.48 的混凝土承受 0 次、25 次、50 次、75 次和 100 次冻融循环后的交流阻抗谱。研究表明：混凝土冻融循环过程是一个渐进的过程，同时是一个不可逆过程；试件外观未发现开裂和剥落时，内部微结构已经破坏；随冻融循环次数的增加，混凝土微结构中的孔隙率及孔径越来越大。

文献 [25] 用超声波速的损失率对普通混凝土、高强混凝土和高性能混凝土在冻融过程中的劣化状况进行研究，结果表明：超声波速的损失率均随冻融循环次数的增加而增大，说明在冻融循环过程中，混凝土内的初始缺陷经历发展、相对稳定和扩展的阶段。试验中同样测量了动弹模和抗压强度的变化，它们均随冻融循环次数的增加而降低。

综述所述，混凝土宏观特性在冻融过程中呈逐渐下降的趋势，主要反映在密实度降低、动弹模和强度下降。在细观结构上，混凝土的冻融破坏，实际上是水化产物结构由密实到松散的过程，在这一过程中，伴随着微裂缝的出现和发展，微裂缝不仅存在于水化产物结构中，也会使引气混凝土的气泡壁产生开裂和破坏。从原因学的观点看，混凝土的冻融破坏过程可以基本上认为是一个物理变化过程。

从唯象损伤的观点看，在荷载和环境作用下，由于细观结构的缺陷（如微裂纹、微空洞等）引起的材料的劣化过程，称为损伤[26]。混凝土冻融损伤的本质是混凝土多孔体系在外部温度作用下，孔溶液发生相变，导致内部产生内应力，内应力随外部温度循环交变地作用于混凝土固体骨架上，循环往复导致混凝土的不可逆劣化，混凝土中大量微裂纹形核，并且微裂纹随应力荷载循环次数的增加而逐渐扩大，最终裂纹汇合形成宏观裂纹导致材料破坏，因此混凝土冻融损伤的过程是一个疲劳损伤破坏过程。

从实践需求的角度看，一些实际问题，诸如冻融环境下混凝土寿命评估，冻融环境下在役混凝土冻害程度评估等问题对混凝土冻害问题的研究提出了新要求。这些实际问题均与混凝土材料在冻融环境下的劣化过程有关，并且均要求定量化而不是定性的研究成果。古典的两点式研究思路难以解决这些实际需要，而能够实现定量化计算并且能够描述混凝土劣化过程的唯象损伤理论恰恰具有解决这些问题的优势。

从以上讨论可以看出，无论从对材料劣化认识水平的提高还是解决实际问题的定量化计算看，应用唯象损伤理论观点研究混凝土冻害问题都是一个重要方向。

6.2.5 碳化与氯离子等的多因素耦合影响

碳化对钢筋混凝土构筑物来说最大的危害是由于混凝土 pH 值的降低破坏钢筋表面的钝化膜使钢筋产生腐蚀。过去一直认为碳化进行到混凝土中钢筋表面时钢筋才失去钝化膜产生锈蚀，因此常把二氧化碳扩散到钢筋表面的时间作为预测钢筋混凝土构筑物寿命的一个重要手段。实际上钢筋混凝土碳化时由于二氧化碳对混凝土中的氯盐、硫酸盐、碱金属盐等的影响使混凝土中的腐蚀因子在混凝土内部产生迁移和浓缩，腐蚀在碳化未达到钢筋表面时已经发生。含氯盐混凝土碳化时碳化残量（酚酞呈色界线到钢筋表面间距离）约为 20mm 时钢筋开始腐蚀；而不含氯盐混凝土碳化残量约为 8mm 时钢筋开始腐蚀。因此混凝土碳化时的内部结构变化和离子迁移行为将对规范的制订和钢筋混凝土的寿命预测具有重要的理论指导意义。

6.2.5.1 碳化引起氯离子的迁移和浓缩

混凝土中含有氯盐时约占水泥质量 0.4% 的氯离子与 C_3A 反应生成 Friedel 复盐，它在混凝土中是不稳定的。当二氧化碳通过扩散作用达到混凝土内部与 Friedel 复盐反应时生成氯盐并溶解于孔溶液中，其反应式如下：

$$C_3A \cdot CaCl_2 \cdot 10H_2O + 3CO_2 \longrightarrow 3CaCO_3 + 2Al(OH)_3 + CaCl_2 + 7H_2O$$

$$(6\text{-}27)$$

加速碳化后碳化区 Friedel 复盐含量非常少，而未碳化区 Friedel 复盐含量非常高。这是因为碳化前 Friedel 复盐均匀分布于砂浆内部，当二氧化碳扩散到混凝土表面发生碳化反应时 Friedel 复盐分解后产生氯离子溶解于孔溶液中通过浓度扩散作用迁移到未碳化区，并在该区域重新形成 Friedel 复盐，二氧化碳扩散到该区域发生碳化作用时又发生分解作用，这样随着碳化和复盐生成的循环过程，碳化锋面逐渐向混凝土内部发展。碳化发生前氯离子在整个砂浆界面均匀分布，而随着碳化的进行氯离子逐渐向内部迁移并产生浓缩现象，且碳化前沿的氯离子浓度最高，约为碳化前平均浓度的 2 倍左右，而碳化区氯离子浓度减少。通过酚酞指示剂的呈色反应可以看出，氯离子的浓缩区正好和未碳化区相对应；而几乎不含氯离子的区域与碳化区相对应。因此可以明确两点：（1）虽然混凝土中材料所带来的氯离子含量较少，不足以对钢筋产生锈蚀，但是随着碳化的进行，由于氯离子的迁移和浓缩作用，碳化前沿的氯离子浓度有可能达到足以破坏钢筋表面钝化膜的临界浓度；（2）过去认为碳化前沿达到混凝土中钢筋表面时，由于中性化作用钢筋钝化膜破坏产生锈蚀。实际上含氯盐混凝土碳化时碳化前沿虽未达到钢筋表面，碳化残量约为 20mm 时钢筋表面产生氯离子的浓缩已经开始破坏钝化膜。

一般认为混凝土中氯离子含量达到 $600g/m^3$ 时钢筋钝化膜开始破坏，但混凝土碳化时碳化前沿的浓度可达碳化前的 2.5 倍，因此考虑碳化时混凝土材料所带来的氯离子含量不应超过 $240g/m^3$。我国《混凝土结构设计规范》中对严寒和寒冷地区露天环境等二类地区的最大氯离子含量允许达到水泥质量的 0.2%。假设混凝土的水泥用量为 $300kg/m^3$，则允许的氯离子含量为 $600g/m^3$。从以上离子迁移理论可以看出，考虑碳化的浓缩作用时应该制订更为苛刻的氯离子允许含量。

在这里需要指出的是普通水泥的 C_3A 与氯离子反应生成 Friedel 复盐可消耗约为水泥质量 0.4% 的氯离子；而中热或低热硅酸盐水泥 C_3A 含量少，因此与氯离子反应生成较稳定 Friedel 复盐的能力下降，可溶性氯离子含量增多，钢筋腐蚀的概率高于普通水泥。因此对于普通水泥、低热水泥、抗硫酸盐水泥等配制的混凝土制订允许氯离子含量时应有所区别。某些外加剂和海砂、除冰盐等常含有氯化钠。氯化钠提高混凝土孔溶液中碱含量加快碳化速度，且碳化时锋面产生氯离子浓缩，碳化残量约为 20mm。受双重因素的影响钢筋腐蚀的开始时间明显加快。

6.2.5.2 碳化引起硫酸根离子的迁移和浓缩

随着碳化的进行，中心区硫元素产生了浓缩现象。通过酚酞溶液的呈色反应可以看出，硫元素的浓缩区域与砂浆试件的未碳化区域完全对应，硫元素在碳化过程中的迁移和浓缩机理与氯离子的迁移和浓缩规律相似。水泥中所含硫酸钠、硫酸钾以及石膏中的硫酸钙与 C_3A 反应生成钙矾石或单硫型硫铝酸钙，砂浆内部分布均匀。随着砂浆碳化反应的进行，这些盐类分解后生成 SO_4^{2-} 溶解于孔溶液中。溶解的 SO_4^{2-} 通过浓度扩散作用向内部迁移达到未碳化区重新与

C_3A 反应生成钙矾石和单硫型硫铝酸钙等。随着碳化反应的进行这种分解与生成的循环反应使碳化锋面向混凝土内部发展。这可以从试件断面的碳化区、未碳化区和碳化前沿浓缩区的 X 射线衍射图中可以看出。不含氯盐混凝土碳化时腐蚀在碳化未达到钢筋表面时已经发生，其碳化残量约为 8mm。这是由于碳化时钙矾石分解后产生的 SO_4^{2-} 离子在碳化锋面的浓度升高，导致 OH^- 离子浓度下降，钝化膜破坏。含氯盐混凝土碳化时氯离子的浓缩和碱度降低共同作用下加速钢筋腐蚀。含氯盐混凝土碳化时这两种离子的迁移和浓缩同时发生。也有些资料报道混凝土碳化时由于硫铝酸盐分解和再生循环过程中碳化锋面钙矾石含量过高，导致构筑物产生膨胀性破坏的工程事例。

6.2.5.3 碳化引起 Na^+、K^+ 离子迁移和浓缩

一般来说，暴露于空气中的混凝土构筑物处于湿度较大的环境时表层 Na^+、K^+ 浓度减小。这是由于处于潮湿环境中的混凝土构筑物表层 Na^+、K^+ 离子浓度湿润后减少，导致内侧 Na^+、K^+ 离子向表面扩散和迁移，并与 CO_2 反应生成碳酸钠和碳酸钾而溶出。因此一定厚度的表层范围内钠、钾离子含量减少。但是经过 10～20 年碳化后的混凝土，反而内部 Na^+、K^+ 浓度低，表层 Na^+、K^+ 离子浓度高。这是由于混凝土碳化时 CO_2 溶解于孔溶液中生成 CO_3^{2-}，并与氢氧化钙反应生成碳酸钙晶体沉积到孔壁。随着碳化反应的进行，孔溶液中钙离子浓度减少，氢氧化钙晶体溶解和补充 Ca^{2+} 和 OH^- 浓度，并保持孔溶液中 pH 值不变。当氢氧化钙晶体完全溶解失去对 pH 值的缓冲作用时孔溶液 OH^- 浓度降低。碳化前的孔溶液主要是 OH^-，随着碳化作用的进行阴离子逐渐转化为 CO_3^{2-}，即碳化区和未碳化区之间产生 CO_3^{2-} 和 OH^- 的浓度差。因此，OH^- 从未碳化区向碳化区迁移。为保持离子迁移时的电性平衡，阴离子迁移时伴随着阳离子的迁移，其中首先考虑到含量最多的 Na^+、K^+ 离子。由于 OH^- 离子迁移速度远比 CO_3^{2-} 迁移速度快，因此伴随阴离子迁移的 Na^+、K^+ 离子从未碳化区向碳化区迁移的速度快，碳化区 Na^+、K^+ 离子含量增多，未碳化区 Na^+、K^+ 离子含量减少。以上混凝土碳化时各种离子的迁移行为和微观结构的变化，对混凝土构筑物的宏观性能产生很大影响。

6.2.6 荷载与干湿循环的多因素侵蚀

浪溅区的环境特征是长时间干燥、短时间浸水、干湿交替。此外，从混凝土单轴压缩的试验研究中也已查明，混凝土在外力作用下的变形和破坏是内部微裂缝产生的过程，当荷载不超过不连续点（约为极限荷载的 30%～50%）时，混凝土处于稳定裂缝产生阶段，其应力应变呈线性变化，此时若持荷或卸荷，不再产生新的裂缝，混凝土基本上处于弹性状态。当荷载超过临界荷载（约为

极限荷载的 70%～90%）以后，混凝土将进入不稳定裂缝扩展阶段。此时，不管荷载增加与否，裂缝都将自行扩展，最终导致混凝土的破坏。基于上述分析，试验应力水平（或应力强度比）取极限强度的 30%。干湿交替采用浸烘循环制度实现：浸湿过程是将试件放入腐蚀介质中；烘干并保持温度为 65℃；浸烘制度为浸水 8h，抽出溶液，静置 4h，烘干 8h，停止加热，静置 4h，每个循环 24h。试验时将养护 28d 的试件按照配合比分成两组，每组三块，一组加荷载，另一组不加荷载，分别进行干湿循环，到加荷载的试件中有一块断裂时停止循环并对剩下的试件以及同步循环的未加载试件进行抗折强度测试。

抗蚀系数 $K3$＝不加载试件的平均抗折强度 Mn/养护 28d 的平均抗折强度 M0

抗蚀系数 $K4$＝加载试件的平均抗折强度 Mn/养护 28d 的平均抗折强度 M0

试验结果表明浸泡、干湿循环复合作用下的混凝土试件的抗蚀系数都大于 1，其中水灰比为 0.4 的 2 号试件抗蚀系数最大为 141.25%，同步测得的浸泡、干湿循环及荷载复合作用下的试件的抗蚀系数也以 2 号试件的抗蚀系数最佳为 121.73%，可能的原因是：0.4 水灰比的试件虽然孔隙率较 0.3 水灰比的要大，但是在弹性阶段的荷载闭合了受压区的一些毛细孔，而受拉区的毛细孔又被硫酸盐侵蚀产生的膨胀性产物所填充，这一方面导致了试件更加密实，另一方面也不至于被膨胀性产物所胀裂而在孔壁上产生新的微裂纹；相比而言，水灰比太大（0.5）可能会由于荷载产生的裂缝导致在硫酸盐侵蚀过程中主裂缝加速变宽，而水灰比太小（0.3）则可能由于硫酸盐侵蚀过程中膨胀产物在毛细孔端部产生膨胀应力而导致试件的加速破坏。而水灰比为 0.5 的试件要小于 1（为 86.93%）。另外在荷载作用下水灰比为 0.3 的试件在进行了 145 个干湿循环后才发生断裂，而水灰比为 0.4 的试件尽管抗蚀系数最大，但其干湿循环的次数为 85 次，而抗蚀能力最差的水灰比为 0.5 的试件循环次数则仅为 56 次。综合抗蚀系数和循环次数的结果来看水灰比越小的试件抗蚀能力越强。

多因素侵蚀对钢筋混凝土的破坏机理总结如下：

（1）荷载作用，由于裂缝的出现，加速了 SO_4^{2-} 的扩散渗透；而干湿循环又加速了钙矾石的形成和石膏结晶的形成。试验条件既接近实际而又严酷，能客观准确的评价试验结果。

（2）混凝土结构在抗弯荷载作用下，在受拉区会产生微裂缝，裂缝加速了 SO_4^{2-} 的扩散渗透，在裂缝尖端生成结晶型石膏或钙矾石，造成尖劈作用，使裂缝进一步扩展，与此同时也加速了硫酸盐腐蚀劣化的进程。

（3）混凝土结构物与硫酸盐介质的作用模式主要是水泥中的铝酸三钙水化物与 SO_4^{2-} 反应，主要生成结晶型石膏和结晶型水化硫铝酸钙（钙矾石），采用 XRD 能对结构物的侵蚀类型能进行有效的区分。

6.2.7 开裂

混凝土结构的破坏和建筑物的倒塌，大都是从结构裂缝的扩展开始而引起的[27]。对于混凝土桥梁而言，出现裂缝后，一是影响美观，二是影响使用寿命，有严重裂缝的还会威胁到人们的生命和财产的安全。因此对混凝土结构的裂缝我们不容忽视，应该引起人们的高度重视。

6.2.7.1 裂缝状态判断

钢筋混凝土结构在使用状态下出现裂缝属于正常现象。但理论和大量实验表明结构的破坏又往往从裂缝开始，因此可以把桥上的裂缝分为"有害裂缝"和"无害裂缝"。"有害裂缝"主要指对桥梁结构的承载能力、变形、节点构造的牢固程度等有直接影响或严重影响的裂缝，如由于墩台不均匀沉降、倾斜造成上部结构的裂缝；由于主筋腐蚀而膨胀所引起的顺向裂缝等。"无害裂缝"主要指它对桥梁结构不致产生上述影响，但也不能认为绝对无害的裂缝。例如钢筋混凝土梁跨中部分的竖向弯曲裂缝，其出现是正常的，但若裂缝的宽度及高度发展很快，裂缝条数显著增加，就预示着可能会由此发生破坏。混凝土裂缝状态一般可从裂缝宽度，裂缝发展情况以及变形等其他损害情况来综合考虑找出原因，做出符合实际的评价。看其是"有害裂缝"还是"无害裂缝"，若有害，其有害程度如何，以决定是否需要修补，是需要马上修补，还是需要进一步观察[28]。

裂缝是混凝土一种可接受的结构特征，这里指的是肉眼可见的宏观裂缝。多数轻微细小的宏观裂缝对工程结构的结构性能、使用功能和耐久性不会有大的影响，只是有损结构外观，引起对工程质量的疑虑。我国钢筋混凝土工程裂缝治理专家王铁梦教授曾以科学的态度为广大混凝土施工企业讲了一句公道话，那就是："轻微收缩裂缝的处理和修补不是质量事故。"既然混凝土结构裂缝是不可避免的，是一种人们可以接受的材料特征，那就允许结构出现无害裂缝，杜绝出现有害裂缝，科学地将裂缝控制在允许范围之内，如果控制过严则要付出巨大的经济代价，如果控制过松则会影响结构安全和正常使用[29]。

6.2.7.2 裂缝控制标准和规范

《混凝土结构设计规范》（GB50010—2002）将结构构件正截面的裂缝控制等级分为三级，其中三级为允许出现裂缝的构件，对于采用热轧钢筋的钢筋混凝土构件，一类环境时，允许出现裂缝的最大裂缝允许宽度不应超过 0.3mm（0.4mm），二类环境及三类环境时，不应超过 0.2mm，在一类环境下，对钢筋混凝土屋架、托架及需作疲劳验算的吊车梁，其最大裂缝允许宽度不应超过0.2mm；对钢筋混凝土屋面梁和托梁，其最大裂缝允许宽度不应超过 0.3mm。

《混凝土结构工程施工质量验收规范》（GB50204—2002）规定，现浇结构外观质量缺陷分为严重缺陷和一般缺陷，严重缺陷为构件主要受力部位有影响结构性能或使用功能的裂缝，一般缺陷为其他部位有少量不影响结构性能或使用功能的裂缝。现浇结构外观不应有严重的缺陷，不宜有一般缺陷。预制构件检验的最大裂缝允许宽度，是根据设计要求的最大裂缝允许宽度决定的。当设计最大裂缝允许宽度为 0.2mm、0.3mm 及 0.4mm 时，在标准荷载作用下，受拉主筋处的最大裂缝允许宽度，应考虑标准荷载与准永久荷载的关系，换算为检验时的短期荷载作用下的最大裂缝允许宽度分别为 0.15mm、0.20mm 和 0.25mm。同时规定装配式结构外观质量，其中包括最大裂缝允许宽度与现浇结构相同。

《预制混凝土构件质量检验评定标准》（GBJ321—90）规定，不应有影响结构性能和使用的裂缝，不宜有不影响结构性能和使用的少量裂缝。预制构件检验的最大裂缝允许宽度也是根据设计要求的最大裂缝允许宽度确定的，与 2002 年颁布的《混凝土结构施工质量验收规范》（GB50204—2002）的规定相同。

《工业厂房可靠性鉴定标准》（GBJ144—90）规定，当结构构件受力主筋处，横向或斜向裂缝宽度符合表 6.2 规定时，应采取适当措施处理。《混凝土结构加固技术规范》（CECS 25：90）规定，一般构件裂缝宽度小于或等于 0.45mm，露天或室内高湿环境，裂缝宽度小于或等于 0.3mm 时，仍属基本满足设计要求，不必加固，但从耐久性角度看，应采取灌浆修补措施。

表 6.2　不同条件下各种裂缝宽度的处理规定

结构构件类别及工作环境		裂缝宽度/mm			
		不必处理	影响安全应采取措施处理		影响安全必须采取措施处理
室内正常环境	一般构件	≤0.45	>0.45	≤0.70	>0.70
	屋架、托架	≤0.30	>0.30	≤0.50	>0.50
	吊车梁	≤0.35	>0.35	≤0.50	>0.50
露天或高湿环境		≤0.30	>0.30	≤0.40	>0.40

日本《混凝土裂缝调查及修补》规定，根据耐久性和防水性要求按表 6.3 实施处理。表中的最大裂缝允许宽度，主要考虑的是环境因素及钢筋锈蚀影响条件，环境条件分为"恶劣""中等"及"优良"三个档次，"恶劣"指露天受雨淋、干湿交替及冻融，或受海水及有害气体腐蚀；"中等"是指不受雨淋的一般地上结构，不结冻地下结构及水下结构；"优良"是指与外界大气及腐蚀环境完全隔绝的情况，一般指建筑物内部构件。对钢筋腐蚀影响程度的"大、中、小"，要根据裂缝深度及长度、保护层厚度、表面涂层、混凝土材料组分及配合比、施工缝等条件综合判定，对于"中等"和"优良"的环境条件，钢筋锈蚀

及结构腐蚀可忽略不计，不必修补的裂缝最大允许宽度为 0.2～0.3mm，相当于我国《混凝土结构设计规范》（GB50010—2002）中的三级裂缝控制等级。

表 6.3　按裂缝宽度确定处理的限值

使用要求及条件	对钢筋腐蚀影响程度	按耐久性要求环境条件			按防水要求
		恶劣	中等	优良	
应处理的裂缝宽度/mm	大	>0.4	>0.4	>0.6	>0.2
	中	>0.4	>0.6	>0.8	>0.2
	小	>0.6	>0.8	>1.0	>0.2
不需处理的裂缝宽度/mm	大	<0.1	<0.2	<0.2	<0.05
	中	<0.1	<0.2	<0.3	<0.05
	小	<0.2	<0.3	<0.3	<0.05

6.2.7.3　裂缝控制措施

（1）设计方面

除对混凝土结构进行常规计算以外，还要考虑混凝土结构所处的位置、施工期的温度，必要时进行温度裂缝计算，采取隔热设计和良好的构造措施；进行沉降验算，控制沉降量，选择合理的混凝土强度等级、钢筋截面和配筋率；选择合理的结构形式和计算模式，从结构形式的选择方面及材料性能方面采取综合措施。

（2）施工方面

选择合理的施工工艺，严格按设计混凝土强度等级及设计要求施工，正确选择施工用水泥、粗细骨料粒径及含泥量，控制水泥用量及水灰比。重视混凝土振捣，掌握好拆模时间。选用影响收缩和水化热较小的外加剂和掺合料。选择温度较低时间浇灌混凝土，无法避开高温时采用井水拌制混凝土，降低混凝土搅拌和浇灌温度。

（3）养护使用方面

根据不同的施工工艺和浇灌混凝土时的温度，采用不同的养护方法。采取保温保湿的养护技术，尽量利用混凝土后期强度，使用时对重要的混凝土结构作好保温隔热工作；在混凝土未达设计强度前不准其承受荷载，在混凝土达设计强度后避免其承受冲击荷载或超载使用。

6.3　海工混凝土结构的防护措施

影响混凝土耐久性的原因总起来可分为两大类，即内部原因和外部原因。所谓内部原因是混凝土组成材料与结构。外部原因就是混凝土所处的环境的作用。内部原因对混凝土耐久性影响很大，但在混凝土自身条件相当情况下，外部原因是决定混凝土耐久性的关键。对于修补过的混凝土甚至新浇筑的混凝土结构，混凝土表面进行涂覆处理，把外界环境中侵蚀性介质与混凝土隔离开来，特别在露天严重曝光的条件下，是增加混凝土耐久性的明智做法。其作用：第一，增加混凝土耐 CO_2 渗透能力，即增加抗碳化能力；第二，增加混凝土耐氯化物渗透能力；第三，提高混凝土表面憎水性。该类涂层种类繁多、庞杂，其效能、价格也差别很大。主要是根据环境的腐蚀等级、结构物耐久性年限要求等，综合考虑进行选用。

6.3.1　普通水泥砂浆层

在混凝土外表面涂抹 5～20mm 厚的水泥砂浆层，在减缓碳化影响方面有一定作用，砂浆越密实效果越明显。本方法最为经济方便，可用于很轻微的腐蚀环境中。

6.3.2　聚合物改性水泥砂浆层（PCM）

以乳液形式掺加到水泥混凝土中的聚合物，在水泥混凝土中搅拌均匀后，聚合物乳液颗粒相当均匀的分散在水泥混凝土体系中。随着水泥的水化，体系中的水不断地被水化水泥所结合，乳液中的聚合物颗粒会相互融合在一起。随着水分的不断减少，聚合物在水泥混凝土中形成空间网结构。硬化后的聚合物水泥砂浆和混凝土中的聚合物和水泥没有发生化学反应；水泥水化产物与普通水泥砂浆和混凝土中的也都相同；聚合物以分子作用力的形式作用于水泥水化结晶产物和骨料表面，故能起到增强粘结的作用。

聚合物在水化水泥产物中聚合，增加了水化结晶产物相互之间的接触点，从而增强了水泥石内部粒子间的粘结，提高水泥石的抗拉强度。但聚合物在水泥砂浆和混凝土中占有一定的体积，其弹性模量又远低于水泥石及骨料的弹性模量，因此加入聚合物乳液后，故使得水泥砂浆的抗压强度有所降低。水泥石与骨料结合面处的聚合物提高了水泥石与骨料之间的粘结强度，减小了界面处的孔隙尺寸，降低了孔隙率，还能够在填充部分孔隙的同时切断裂缝，从而提高水泥砂浆和混凝土的抗渗性能。再加上聚合物材料本身具有的抗腐蚀性能，使水泥砂浆和混凝土的抗冻性、抗腐蚀性、耐冲磨性能也得到提高，从而有效地提高了水泥砂浆和混凝土材料的耐久性。

6.3.3　渗透型涂层

利用混凝土"可渗透"的特点，在混凝土表面涂以渗透型涂层材料，这些渗入的物质，可与混凝土组分起化学作用和堵塞孔隙，或自行聚合形成连续性憎水膜。

6.3.3.1 水泥基渗透结晶型防水材料

水泥基渗透结晶型防水材料是由普通硅酸盐水泥，精细石英砂和多种特殊的活性化学物质混配而成。水泥基渗透结晶防水涂料是刷涂或喷涂在水泥混凝土表面，依靠活性化学物质渗透入混凝土内部，形成不溶于水的结晶体，堵塞毛细孔道，使混凝土致密，该涂层与基层形成一个整体，达到抗渗、防水目的的。而且该物质可随水在缝隙中渗透迁移，当混凝土中产生新的细微缝隙时，一旦有水渗入，又可促使未水化水泥产生新的晶体把缝隙堵住。该材料赋予混凝土自修复能力和可靠的永久性防水抗渗作用。并可提高混凝土或砂浆的机械强度，减少吸湿作用、毛细作用、化学侵蚀作用、渗透作用和冻融作用对建筑物的侵害，显著增加混凝土的耐久性。

水泥基渗透结晶型防水材料，存在着一个水化反应空间问题。也就是说，防水材料用量越多，防水涂层越厚，水化反应空间也就越大；反之则越小。有限的水化反应空间，要催化更多的活性化学物质产生更多的渗透结晶也是有限的。涂层厚度按国标要大于 0.8mm，一般不超过 2mm，其间关键是和成本控制形成一个最恰当的比例。渗透结晶型防水材料属于刚性防水材料，它具有其他材料难以比拟的二次抗渗性以及与结构的相容性。由于防水涂层的坚固，能有效封住结构基面微小开裂带来的渗漏。因此防水涂层的加强，不仅能增加水泥基渗透结晶型防水材料的水化反应空间，同时也能确保防水涂层中有充足的活性水化反应物质来增加对混凝土结构的渗透结晶，对混凝土结构能直接起到补强的作用，这是聚氨酯涂料或其他防水材料所无法达到的良好效果。

分别按 $1kg/m^2$ 和 $2kg/m^2$ 的用量涂刷在砂浆试样的背水面，测试不同养护时间的一次和二次抗渗压力可了解涂料用量和养护时间对抗渗性能和自修复性能的影响。表 6.4 是某单位研制的 YJH 涂料性能。

表 6.4　涂料用量和养护时间对抗渗性能和自修复性能的影响

试样	空白样		YJH 涂料			
用量/（kg/m²）	—	—	1	1	2	2
养护时间/d	9	28	9	28	9	28
抗渗压力/MPa	0.1	0.4	0.4	1.5	0.8	>1.5
第二次抗渗压力/MPa	0.1	0.1	0.6	1.4	0.9	>1.5

河北省公路工程建设集团研制的 GT 结晶型防水材料的粘结性能、抗冻融循环、耐久性等测试结果如表 6.5：

表 6.5 涂料的性能测试方法及结果

测试项目	测试方法	结果
粘结强度	按 JTJ270—1998 附录 A7 进行	28d 粘结强度 2.78MPa
冻融循环	−20℃−+20℃，8h 为一个循环	100 次表面无变化，强度损失 9.03%
冻融循环	分别在 HCl、NaOH 和 Na₂SO₄ 溶液中浸泡 3 个月	表面无变化，强度近乎无损失，涂料可在 pH3.0～12.0 之间正常使用

6.3.3.2 渗透型有机硅涂层

有机硅混凝土保护剂是由有机硅烷、硅酸盐化合物、固化剂和高效表面活性物质组成的水基化合物，无毒、不燃、不含挥发性物质。含有机硅树脂的稀溶液，具有很强的渗透性，它本身有很强的憎水性，并能与混凝土组分起作用，可堵塞空隙和在孔壁形成憎水膜。能防水但允许气体交换，有"呼吸"功能。此类渗透型涂层，大都用于轻腐蚀环境下的防混凝土"老化"，如防碳化、中性化等，有效期可达 10 年。

有机硅保护剂可直接喷涂于混凝土、砂浆以及其他水泥基材料表面，能渗透到材料表层内，首先与水发生水解反应脱去醇，形成三维交联有机硅树脂，其羟基同混凝土缩合从而使它牢固地和基材连接起来，使非极性的有机基团排列向外形成憎水层。由于其分子量较小，渗透性强，可在基层内 2～10mm 内形成明显的立体憎水结构网络，使材料表面形成永久的保护层，降低有害离子的渗透速度，防止钢筋锈蚀，并能提高材料耐候和耐腐蚀性能。

决定液体在多孔性建筑材料中渗透性的主要因素是液体的黏度和表面张力。液体的黏度越低，表面张力越小，其渗透性能越好。单相体系是非稀释液体，例如烷氧基硅烷，或者是真溶液，如有机溶剂中的硅氧烷低聚物。对于有机硅而言，其黏度与分子量成正比，要使未稀释的或水溶性产品渗透到混凝土内部较深处，则有机硅化合物的分子量就要相应较低。所以三烷氧基硅烷的单体比低聚物硅氧烷的渗透性要好。然而，硅树脂网状结构中的硅氧键在碱的存在下，会水解成为烷基硅酸盐：

$$RSi(OR)_3 + H_2O/OH^- \longrightarrow RSi(OH)_2O^- \tag{6-28}$$

如果有机基团 R 是甲基的话，该反应会生成甲基硅酸盐，而这种硅酸盐是水溶性的，会随着雨水的刷而流失。在为防止活性组分的降解，可通过将部分或所有的甲基基团用长链的有机基团取代来达到，其中，异丁基、正辛基和异辛基是应用最多的基团。尽管硅树脂网络并不能完全抵抗碱的侵蚀，但是由于它所形成的烷基硅酸盐是非水溶性的，并不会随水流失。这是保证产品耐久性的重要因素。纯硅烷在施工使用过程中活性组分易挥发，故使用硅烷、硅氧烷低聚物混合物来代替纯硅烷。

例如 γ-2 缩水甘油醚氧丙基三甲氧基硅烷，以此为偶联剂用溶液凝胶工艺对混凝土表面进行处理，发现对混凝土的防水、耐候、耐酸、耐磨、耐水洗性都有不同程度的提高。表 6.6 为 γ-2 缩水甘油醚氧丙基三甲氧基硅烷混凝土涂层保护混凝土的性能影响表征。

表 6.6　γ-2 缩水甘油醚氧丙基三甲氧基硅烷涂层对混凝土性能的影响

试验项目		基准混凝土试件	涂层对比混凝土试件
吸水率（%）	24h	4.85	0.44
	48h	5.72	0.53
氯离子扩散系数（$10^{-14}\text{m}^2/\text{s}$）		691	320
抗氯离子渗透性（C）		2231	593
恒电压快速钢筋锈蚀破坏时间（d）		4	15
渗透深度（mm）			3～5

与渗透型涂层类似、又有区别的一种叫做浸渍型涂层，是用聚合物单体以浸渍的方法渗入混凝土中，并在其内聚合，形成一层不透水的保护层。本方法适宜于小型构件。

使用硅烷浸渍剂后混凝土具有很低的吸水率，其吸水率比未使用硅烷浸渍剂保护的混凝土（空白）的吸水率降低 90% 以上。

用憎水性混凝土浸渍剂处理混凝土后，混凝土的毛细管仍然打开，混凝土内部的水分可以水汽的形式释放出来，从而保持长期干燥，延缓腐蚀的发生。同样的，这种方法不能阻止二氧化碳等有害气体的扩散。如果加涂成膜涂料，便可阻止包括引起碳化的二氧化碳在内的所有气体的扩散。目前这两种方法经常结合在一起使用，即憎水性浸渍剂作为底涂，然后表面施加成膜涂料。

6.3.4　混凝土表面涂层

可用于混凝土表面的涂覆层，是种类最多、最普遍的防护涂层，大致可分为：沥青、煤焦油类（大量用于地下工程，有较好的防水、防腐性能，价格低廉）、油漆类（混凝土表面可能有各种因素造成的裂纹，具有一定弹性的油漆，易老化、不耐久等也是其不足之处）、防水涂料（能有效防止水、水汽进入混凝土中，能起到防止、减缓钢筋混凝土腐蚀的效果。该类涂料存在着防腐能力不强、耐久性不足等问题）、树脂类涂料（环氧树脂、已烯基树脂、丙烯酸树脂、聚氨酯等都可用于混凝土的面层涂料，以环氧树脂为主的涂层，有较好的防护性能和耐久性）。

6.3.4.1　聚合物水泥基防水涂料（JS）

聚合物水泥基防水涂料是利用水泥与丙烯酸酯等水乳型聚合物乳胶通过合

理配比，复合而成的双组分防水涂料，它综合了有机材料弹性高和无机材料耐久性好的特点。它与基材有很好的附着性，即使在潮湿的基面上也能进行施工，解决了异型结构防水处理的难度。聚合物乳液加入水泥等粉料中，经搅拌，聚合物乳液粒子均匀地分散在水泥浆体中，并吸附在水泥粒子表面。水泥的水化反应开始进行，氢氧化钙溶液很快达到饱和并析出晶体，同时生成钙矾石晶体及水化硅酸钙凝胶体等水泥水化产物；随着水泥水化反应进行，吸附在水泥水化产物和水泥粒子表面的聚合物颗粒逐渐相互聚结成膜，形成水泥水化产物和聚合物膜相互贯穿的网状结构。且随着水化龄期的延长，水化程度越高，这种反应生成物的量就越大。

制备聚合物水泥防水涂料的聚合物种类很多，丙烯酸酯共聚物弹性好，其结构中存在着—COOR 基团，通过交联改性，可使原有线型结构在成膜过程中形成立体网状交织结构；分子键能大，形成的大分子结构不易降解，这样涂膜抗紫外线、耐高温的能力就强，同时也减低了水分子进入高分子链间造成涂膜溶胀的程度。因此，从提高涂膜性能的角度出发，选用交联型的丙烯酸酯共聚物为好。

就复合防水涂料产品而言其拉伸性能粉料与液料比的影响较为关键。粉料与液料比对复合防水涂料来说，起到了关键作用。试验表明：在一定聚灰比范围内，粉制液料比对拉伸强度影响较小，对延伸率影响较大。这是由于粉料的加入，只有小部分发生水化反应，增强了拉伸强度，而大部分仅仅作为填充料充满干液料之间，限制了高分子材料链间的自由延伸，所以复合防水涂料的延伸率随粉料-液再者受温度的影响。粉料与液料相混时，在不同的温度条件下各自发展并相互作用、相互限制，当复合防水涂料在较低温度时，粉料特别是水泥能有效发挥并起主导地位，同时抑制了有机高分子体系起主导作用；反之，在较高温度下，有机高分子体系起主导作用，并抑制了无机材料体系的发展。故当粉料与液料相同时，拉伸强度随温度升高而降低，而延伸率则随温度升高而升高。此外，还受养护期、涂膜厚度以及成膜次数的影响。

聚合物水泥基防水涂料产品分为Ⅰ型和Ⅱ型两种。Ⅰ型：以聚合物为主的防水涂料，主要用于非长期浸水环境下的建筑防水工程；Ⅱ型：以水泥为主的防水涂料，适用于长期浸水环境下的建筑防水工程。表 6.7 为聚合物水泥基防水涂料主要技术指标：

表 6.7　聚合物水泥基防水涂料的主要技术指标

序号	项目		技术指标	
			Ⅰ	Ⅱ
1	固体含量，%		≥65	
2	干燥时间　h	表干	≤4 不粘手	
		实干	≤24 无粘着	

续表

序号	项目	技术指标	
		I	II
3	抗拉强度，MPa	≥1.5	≥2.0
4	断裂伸长率，%	≥150	250
5	低温柔性	−15℃，2h，无裂缝	
6	不透水性，0.3MPa * 30min	不透水	
7	粘结强度，MPa	≥	≥

6.3.4.2　树脂类涂料

丙烯酸树脂、环氧树脂、己烯基树脂、聚氨酯等都可用于混凝土的面层涂料，有较好的防护性能和耐久性，可用于较严酷的腐蚀环境中。树脂类涂料价格较贵，一般不能在潮湿基面上施工。

（1）丙烯酸乳液

丙烯酸酯类聚合物乳液具有优秀的成膜性，良好的耐油性和耐候性，优良的粘接性，以丙烯酸酯为基本原料的水性涂料，由于其明显的环境保护优越性和众多优良的使用性能而得到了广泛的应用。以下是功能性单体丙烯酸、耐水性单体丙烯腈、苯酚、三聚氰胺等对乳液性能的影响。

随着丙烯酸用量的增加，乳液黏度逐渐升高。在聚合完毕后丙烯酸的羧基大部分集中在乳液表面，乳胶粒子间以及乳胶粒子与水分子间形成大量氢键，使分子间作用力增加，因此丙烯酸含量越大，对乳液的贮存稳定性越有利。由于羧基是亲水性基团，过多的丙烯酸反而会降低耐水性。带有极性基团的丙烯酸会提高涂料的附着力，丙烯酸用量为4%～6%可改善附着力，大于6%附着力反而下降。丙烯酸加入量过多，会增大交联密度，增大涂层的脆性，降低涂层的耐刮性和耐冲击性。

丙烯酰胺加到丙烯酸乳液中是提高乳液黏度和耐水性的有效途径之一。在共聚物主链上引入少量丙烯酰胺链节，能控制聚合物分子运动，防止凝聚，增大黏度，优化乳液聚合体系的聚合稳定性和贮存稳定性。在乳液烘干成膜阶段，丙烯酰胺的酰胺基会与丙烯酸的羧基起交联反应，提高涂层的耐水性和化学稳定性。但随着丙烯酰胺用量的增大，乳液黏度增加，固化时间延长且还会增大涂层的交联密度，使涂层脆性增加，耐水性和耐冲击性降低。丙烯酰胺的加入量为单体质量的0.7%左右，乳液的综合性能优良。

苯酚在聚合后加入少量到丙烯酸乳液中，会使乳液的耐水性成倍的增加，其效果比交联剂丙烯酰胺还佳，因为在乳液烘干成膜阶段，苯酚的羟基会与丙烯酸的羧基发生酯化反应，使乳液交联成膜，提高了耐水性。另外，苯酚上带有疏水性很强的苯基，能显著提高乳液的耐水性。但由于苯酚的毒性，其加入量不宜过大。掺加 0.4 ％的比例较合适。

三聚氰胺作为一种外交联剂，加到丙烯酸乳液中，在一定的条件下与乳液中的羟基或羧基发生反应，生成疏水性的化学键。同时由于含有多个官能团，每个分子同时起到交联剂的作用，使乳液的耐水性得到改善，掺加 0.9％的比例较为合适。

表 6.8　不同改性剂对乳液耐水性的影响

改性剂	涂膜外观	耐水性（95 ℃）/min
未添加	无色透明	15
加入 0.7 ％丙烯酰胺	无色透明	20
加入 6 ％丙烯腈	无色透明	25
加入 0.4 ％苯酚	无色透明	30
加入 0.9 ％三聚氰胺	无色透明	25

注：表中耐水性测定方法是将涂料涂布在玻璃杯壁上，80℃烘干成膜后，分别用室温水，95℃的水浸泡，观察涂膜的泛白情况，记录不同水温下涂膜未泛白的时间。

（2）环氧-丙烯酸酯/聚氨酯互穿网络涂料

互穿聚合物网络（IPN）与一般共混物相比具有更为优异的物理性能。环氧树脂作为骨架聚合物制得的乙烯基树脂，兼有环氧树脂与不饱和树脂两者的优点。树脂固化后的性能类似于环氧树脂，而比聚酯树脂好得多，而且耐腐蚀性能优良。

表 6.9　不同环氧-丙烯酸酯/聚氨酯涂层性能

检验性能	附着力，级	耐 10％ H_2SO_4，天	耐 10％NaOH，天	耐 3％ NaCl，天
IPN（AA）	1	15	6	＞30
IPN（MA）	1	＞30	16	＞30

（3）氟碳涂料

氟碳涂料是树氟碳树脂为基料或加以改性的涂料，全部或部分地吸取氟碳树脂的超长特性，表现为优异的耐候性、耐久性、耐化学药品性、防腐性、绝缘性和非粘附性及耐污染等性能。氟碳树脂是以含氟烯烃如四氟乙烯（TFE）、氟乙烯（VF）、偏二氟乙烯（PVDF）等单体进行均聚或共聚，或以此为基础与其他单体进行共聚以及侧链含有氟碳化学键的单体自聚或共聚而得到的分子结构中含有较多 C—F 化学键的一类树脂。氟碳树脂的诸多优异特性取决于树脂中含有大量的 C—F 化学键。氟原子的特征结构使其具有小的原子半径、大的电负性、小的极化率，与碳原子组成共价键时，C—F 键长很小，键能很大。由于分布对称，整个分子是非极性的；又由于氟的极化率小，所以氟碳聚合物高度绝缘，在化学上突出地表现为它的高度热稳定性和化学惰性。

FEVE（氟乙烯和烃基乙烯基醚共聚物）树脂是一种氟含量在 27%～29% 的羟基树脂，氟乙烯结构单元与不同的烃基乙烯基醚结构单元交替排列而成的高分子。完全可以和氨基醇酸（聚酯）树脂涂料、聚酯聚氨酯树脂涂料中的羟基树脂等同对待，与氟乙烯共聚的烃基乙烯基醚可以是环己基乙烯基醚、羟丁基乙烯基醚，也可以是其他烃基乙烯基醚。固化剂可为氨基树脂和聚氨酯树脂或多异氰酸酯及封闭型多异氰酸酯，可以参考氨基聚酯树脂涂料、双组分聚酯聚氨酯树脂涂料的配方设计。

采用溶液聚合的方式，在适当的反应条件下，使均聚不能发生，共聚严格交替进行。氟乙烯链节保证了树脂所需的耐候性、耐久性，而其他不同官能基的烃基乙烯基醚则赋予树脂在有机溶剂中的溶解性，与颜料及交联剂的相容性、光泽、柔韧性、硬度以及与底材的附着力等。严格交替排列可使化学性能稳定的氟乙烯链节形成空间屏蔽，保护较低稳定性的乙烯基醚链节免受化学介质的侵袭。

以下是不涂涂层的基准混凝土（NO）和涂有不同聚合物涂层：纯丙乳液（AC）、苯丙乳液（PA）、叔碳酸盐乳液（TC）、和有机硅（OS）的混凝土的性能研究。

表 6.10　不同涂层对混凝土性能的影响

涂层	通过电量（/C）	气渗系数 $(k\times10^{-10}/m^2)$	碳化深度（/mm）		
			7d	14d	28d
基准混凝土（NO）	1233	795	1.4	14.6	24.7
纯丙乳液（AC）	192	4.15	2	2.6	2.7
苯丙乳液（PA）	1.6	0	0	0.3	0.7
叔碳酸盐乳液（TC）	163	63.2	0.9	3.4	5.9
有机硅（OS）	172	623	21.8	22.7	34.9

6.3.5　隔离层

6.3.5.1　玻璃鳞片覆层

在树脂类材料中掺入很薄的玻璃鳞片，以数毫米的厚型涂层涂覆在混凝土表面，以达到较长期的完全隔离环境之目的。如环氧树脂玻璃鳞片覆层，已成功应用于酸气烟道和强腐蚀的烟囱内壁的防护。

6.3.5.2　玻璃钢隔离层

混凝土表面涂一层树脂（如环氧树脂），再粘铺一层玻璃布或无纺布，再在布面上刷涂树脂后再粘铺布。可根据需要粘铺多层，称作玻璃钢隔离层。施工质量良好的该类隔离层，能在一定年限内，很好地隔绝外界腐蚀介质与混凝土的接触，从而保护混凝土和钢筋免受侵蚀。本方法价格较贵，存在老化问题，但在强酸、碱环境中还是经常采用的。

6.3.5.3　砖板、橡胶衬里层

采用树脂胶泥、树脂砂浆（如环氧树脂、呋喃树脂等）做胶结料，将耐酸砖板、石材或橡胶板等衬砌在混凝土表面，以阻止外界腐蚀介质的渗入。这在化工、冶金、制药等强腐蚀工业厂房中，是经常使用的防腐措施。如楼地面、建筑与设备基础、槽池等，可取得很好的防护效果。与施工质量关系密切，费用较高。

由上可见，在混凝土外表面采用防护层的措施，在很大程度上可达到对于钢筋混凝土结构的防护目的，特别是小范围、强腐蚀环境中（如某些工业厂房），采取外防护措施可能是首选方案。但对于处在自然环境中的大量钢筋混凝土建筑物（如工业大气、海洋环境等），外层防护措施，或因自身耐久性不足、或因造价太高、施工不便等，使其应用受到一定限制。

6.4　海工混凝土的自然环境腐蚀行为研究

6.4.1　不同环境对海工混凝土腐蚀的影响

材料在不同大气环境中的腐蚀破坏程度，随所处环境的不同将有很大差别。为了研究不同环境对混凝土腐蚀的影响，选择普通硅酸盐水泥制备砂浆和混凝土试块，投试于我国典型大气环境（北京、敦煌、漠河、万宁、尉犁、西双版纳）和水环境（青岛、三亚、厦门、武汉）中进行长期暴露试验。其中，北京站属典型中温带亚湿润内陆性气候，将其作大气环境基本站和对比站。万宁站高温、高湿、日辐射强烈，空气中的海盐粒子浓度更加速了混凝土材料的腐蚀，能够为海港及码头、海岸建筑物及海洋平台等混凝土工程积累腐蚀数据。尉犁站和敦煌站分属暖温带大陆性干旱气候和干热沙漠环境气候，能够积累干热和沙漠环境下混凝土材料的腐蚀数据。漠河站属于典型的北寒带寒冷型森林气候，能够积累低温、高寒环境下混凝土材料的腐蚀数据。西双版纳热带雨林环境试验站高温高湿、降水强度高、雨热同季、植物生长茂盛，该站大气无污染，是理想的对比参照试验站。青岛、厦门和三亚分别位于黄海、东海和南海，具有典型性和完整性；武汉试验站属于长江水水环境，腐蚀数据的积累对大坝等水电工程施工建设选材和维护的意义重大。

　　32.5 普硅砂浆试块在不同大气环境暴露 8 年后的抗折强度和抗压强度如图 6-1 至图 6-2 所示。从图中结果可知，32.5 普硅砂浆试块在西双版纳和敦煌的抗折强度最高，分别达到 11.40MPa 和 10.31MPa，而在北京和漠河的较低，分别为 7.58MPa 和 6.94MPa。32.5 普硅砂浆试块在尉犁和敦煌的抗压强度最高，分别达到 73.12MPa 和 66.73MPa，而在漠河和万宁的较低，分别为 55.17MPa 和 50.31MPa。

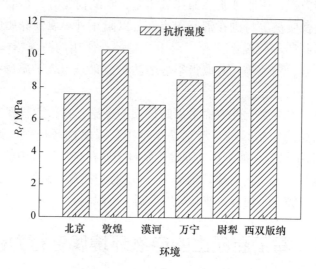

图 6-1　32.5 普硅砂浆试块在不同大气环境暴露 8 年的抗折强度

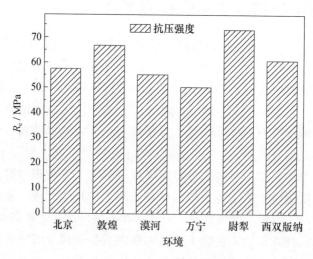

图 6-2　32.5 普硅砂浆试块在不同大气环境暴露 8 年的抗压强度

　　C30 普硅和 C50 普硅混凝土试块在不同大气环境（北京、敦煌、漠河、万宁、尉犁、西双版纳）和水环境（青岛、三亚、厦门）中暴露 8 年后的抗压强度如图 6-3 至图 6-4 所示。从图中结果可知，C30 普硅混凝土试块在敦煌和尉犁大气环境的抗压强度最高，分别达到 46.90MPa 和 46.85MPa，而在三亚和厦门海水环境的最低，分别为 26.75MPa 和 28.90MPa。C50 普硅混凝土试块在敦煌和万宁大气环境的抗压强度最高，分别达到 72.90MPa 和 66.40MPa，而在青岛海水环境的最低，仅为 32.7MPa。总体来说，C30 普硅和 C50 普硅混凝土试块在大气环境中暴晒 8 年后的抗压强度较高，尤以敦煌、万宁、尉犁为最，而在海水环境的最低。

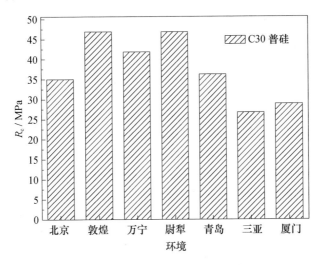

图 6-3　C30 普硅混凝土试块在不同环境暴露 8 年的抗压强度

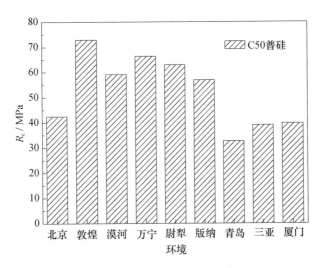

图 6-4　C50 普硅混凝土试块在不同环境暴露 8 年的抗压强度

6.4.2　不同涂层对海工混凝土腐蚀的影响

混凝土保护涂层是指能够对混凝土和钢筋混凝土起到保护作用并提高其耐久性的一类材料，混凝土保护涂层性能各异，功能不同，并各有侧重。国外应用广泛，国内工程应用发展也很快。其种类主要有下面几种：

（1）沥青类：早期占据主导地位，多用于土壤环境下混凝土的保护

（2）丙烯酸及改性丙烯酸类：当前产品较多

（3）有机硅类

（4）渗透结晶型保护涂层：具有发展潜力，分为：无机类，以克塞佩克斯为代表；有机类，以 Vexcon 公司的 Powerseal®20 等产品为代表。

但混凝土保护涂层自然环境下腐蚀数据匮乏，防护效果研究还比较少，限制了该类材料在工程，尤其是重大工程上的使用。因此，选用几种典型混凝土保护涂层，研究了不同保护涂层对混凝土在大气环境和水环境下的防护作用。

分别在北京和万宁投试了表面涂刷赛伯斯无机涂层和改性硅烷系有机涂层的 32.5 普硅砂浆试块，经过 8 年暴晒后的抗折强度和抗压强度见图 6-5 至图 6-6。从图中结果可知，涂刷了这两种保护涂层的 32.5 普硅砂浆试块的抗折强度在北京和万宁均发生了不同程度的下降，其中，在万宁试验站的抗折强度下降更为明显；而抗压强度方面，涂刷了改性硅烷系涂层的砂浆试块在北京和万宁略有增加，涂刷了赛伯斯涂层的砂浆试块在北京和万宁均发生了大幅下降。以上结果表明，这两种涂层并未对砂浆试块起到保护作用。

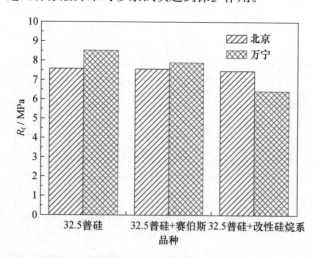

图 6-5　不同防护涂层砂浆试块在不同大气环境暴露 8 年的抗折强度

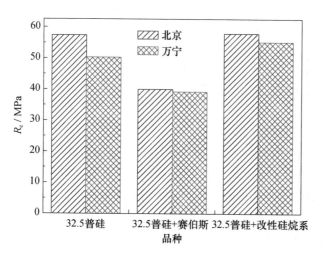

图 6-6　不同防护涂层砂浆试块在不同大气环境暴露 8 年的抗压强度

　　在青岛投试了表面分别涂刷环氧底漆＋聚氨酯面漆、环氧底漆＋氟碳面漆、水性金属渗透防护剂的 C50 普硅混凝土试块，经过 8 年暴露后的抗压强度见图 6-7。从图中结果可知，涂刷了保护涂层的 C50 普硅混凝土试块的抗压强度均发生了大幅增加，分别提高到了 42.43MPa（环氧底漆＋聚氨酯面漆）、51.84MPa（环氧底漆＋氟碳面漆）和 50.06MPa（水性金属渗透防护剂）。其中，尤以环氧底漆＋氟碳面漆体系对混凝土的防护效果最佳。

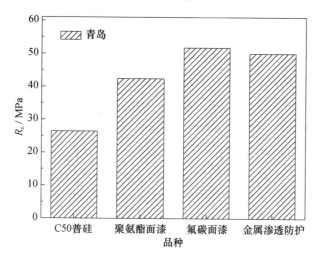

图 6-7　不同防护涂层混凝土试块在青岛水环境暴露 8 年的抗压强度

6.4.3　不同掺合料对海工混凝土腐蚀的影响

　　我国经常使用的水泥主要有硅酸盐水泥，包括普通硅酸盐水泥、矿渣硅酸盐水泥、火山灰质硅酸盐水泥和粉煤灰硅酸盐水泥。常用的还有根据工程具体要求，烧制而成的具有特定性能的特种硅酸盐水泥，例如快硬硅酸盐水泥、抗硫酸盐硅酸盐水泥、中低热大坝水泥等。

其中，普通硅酸盐水泥早期强度高、凝结硬化快、抗冻性能好等优点，在我国早期和现在的基础设施和重大工程建设被大量采用，例如三峡大坝工程主要采用了 52.5 中、低热硅酸盐水泥。

矿渣水泥已经替代硅酸盐水泥广泛使用于地面及地下建筑物，制造各种混凝土和钢筋混凝土制件；其抗蚀性较好，可用于水工及海工建筑；水化热低，可用于大体积混凝土工程；耐热性较好，可用于高温作业场所（如轧钢、铸造、热处理、锻造）。矿渣水泥的水化热较硅酸盐水泥小，耐水性和抗碳酸盐性与硅酸盐水泥相近，在清水和硫酸盐水中的稳定性优于硅酸盐水泥，与钢筋握裹力好，抗大气腐蚀性和抗冻性不如硅酸盐水泥。

用粉煤灰水泥制成的砂浆和混凝土的体积稳定性强，不容易产生裂缝，抗裂性好，混凝土的抗拉强度较高。但粉煤灰水泥抗冻性能和抗碳化性能较差，可用于一般的工业和民用建筑，尤其适用于大体积水工混凝土以及地下和海洋工程等，不适用于配制干燥环境中的混凝土，高强（大于 C40 级）的混凝土、严寒地区露天混凝土和有耐磨性要求的混凝土。

为了研究不同掺合料对混凝土在不同环境下腐蚀的影响，选用 C30 普通硅酸盐水泥、C30 矿渣水泥和 C30 粉煤灰水泥分别制备混凝土试块，投试于我国典型大气环境（北京、敦煌、万宁、尉犁）中进行长期暴露试验。

试块在大气环境中暴晒 8 年后，表面变化较小，下面选择混凝土试块在尉犁和万宁试验站暴晒 8 年后的形貌进行对比观察，如图 6-8 和图 6-9 所示。从图中可知，尉犁试验站 8 年暴晒之后的混凝土试块比较干净；而万宁试验站由于湿度大，降雨量高，混凝土试块表面有雨水浸湿的痕迹。

同时，在北京、敦煌、万宁、尉犁分别投试了 C30 普硅、C30 矿渣、C30 粉煤灰和 C50 普硅混凝土试块，经过 8 年暴晒后的抗压强度见图 6-10。从图中结果可知，掺杂矿渣和粉煤灰均会不同程度的提高混凝土的抗压强度，其中矿渣的增强效果更为明显，甚至使 C30 混凝土的抗压强度超过了 C50 普硅混凝土。

6.4.4　耐侵蚀硫铝酸盐基海工水泥的自然环境腐蚀行为研究

以硅酸盐海工水泥和耐侵蚀硫铝酸盐海工水泥为研究对象，分别采用淡水和人工海水进行拌和制备砂浆试样，研究不同品种的海工水泥经过三亚全浸区 1 年自然暴露后的抗侵蚀能力和抗氯离子渗透能力的变化。

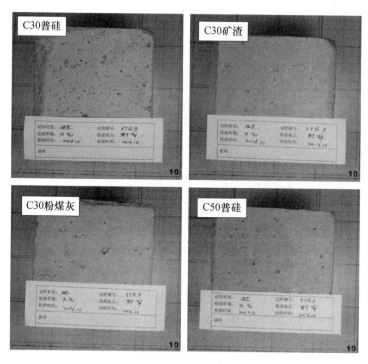

图 6-8　不同混凝土试块在尉犁大气试验站暴晒 8 年形貌

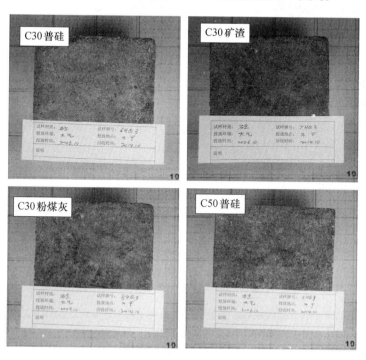

图 6-9　不同混凝土试块在万宁大气试验站暴晒 8 年形貌

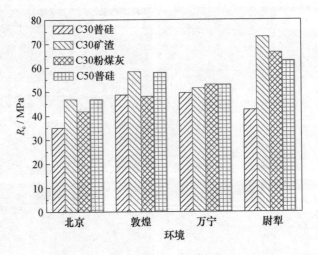

图 6-10 不同品种混凝土试块在不同环境暴露 8 年的抗压强度

　　首先采用淡水分别拌和 32.5 级硅酸盐海工水泥和 32.5 级耐侵蚀硫铝酸盐海工水泥制备砂浆试样，并在标准条件下（20℃ 水养）进行养护，测试不同龄期的抗折强度（图 6-11）。从图中结果可知，两种海工水泥的抗折强度均随龄期的增加而逐渐增加。其中，耐侵蚀硫铝酸盐海工水泥的早期（7d 前）强度高于硅酸盐海工水泥；28 天后，硅酸盐海工水泥的抗折强度迅速增加，并趋于稳定；而耐侵蚀硫铝酸盐海工水泥的抗折强度缓慢增加，标养 1 年的抗折强度仍略低于硅酸盐海工水泥。

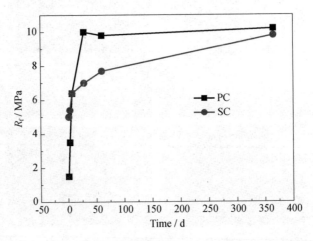

图 6-11 硅酸盐和耐侵蚀硫铝酸盐海工水泥砂浆（淡水拌和）

试块在标准养护条件下的抗折强度变化图

为了研究两种海工水泥在三亚全浸区海水中的耐久性，将标准养护 28 天后的海工水泥砂浆试块投试于三亚全浸区海水中，并测试暴露 1 年后的抗折强度（图 6-12）。从图中结果可知，经过三亚全浸区 1 年暴露后，硅酸盐海工水泥的抗折强度降低约 30%，而耐侵蚀硫铝酸盐海工水泥的抗折强度升高约 20%。虽然标养 28 天后，硅酸盐海工水泥的抗折强度高于耐侵蚀硫铝酸盐海工水泥，但由于后者的耐海水侵蚀性能优于前者，从而经过三亚海水全浸区 1 年自然暴露后，耐侵蚀硫铝酸盐海工水泥的抗折强度高于硅酸盐海工水泥。

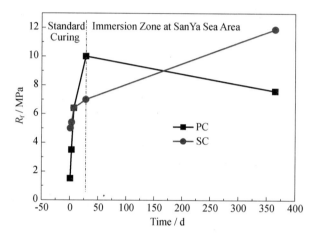

图 6-12 硅酸盐和耐侵蚀硫铝酸盐海工水泥砂浆（淡水拌和）
试块在三亚全浸区暴露 1 年后的抗折强度比较图

同时，研究了海水拌和对 2 种海工水泥耐海水侵蚀性能的影响。图 6-13 是采用海水分别拌和 32.5 级硅酸盐海工水泥和 32.5 级耐侵蚀硫铝酸盐海工水泥制备砂浆试样，再人工海水中养护 28 天后，投试于三亚全浸区海水中，并测试暴露 1 年后的抗折强度。从图中结果可知，经过三亚全浸区 1 年暴露后，海水拌和硅酸盐海工水泥的抗折强度降低了一半，而耐侵蚀硫铝酸盐海工水泥的抗折强度大幅升高（约 80%）。从而经过三亚海水全浸区 1 年自然暴露后，海水拌和耐侵蚀硫铝酸盐海工水泥的抗折强度远高于海水拌和硅酸盐海工水泥。

以三亚全浸区暴露 1 年后样品的抗折强度除以标养相同龄期样品的抗折强度，得到 2 种海工水泥不同拌和水条件下的抗海水侵蚀系数，如图 6-14 所示。从图中结果可知，硅酸盐海工水泥的耐海水侵蚀系数均低于 0.8，海水拌和硅酸盐海工水泥的耐海水侵蚀系数低到仅有 0.5 左右；而耐侵蚀硫铝酸盐海工水泥的耐海水侵蚀性能优于硅酸盐海工水泥，达到 1.2 以上。

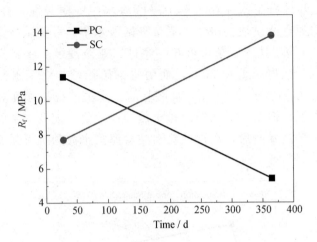

图 6-13　硅酸盐和耐侵蚀硫铝酸盐海工水泥砂浆（海水拌和）
试块在三亚全浸区暴露 1 年后的抗折强度比较图

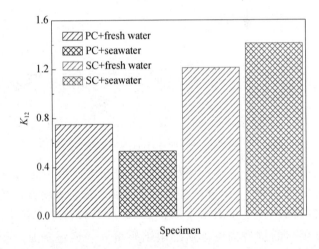

图 6-14　硅酸盐和耐侵蚀硫铝酸盐海工水泥的抗侵蚀能力比较图

　　采用 JC/T 1086—2008《水泥氯离子扩散系数检验方法》，将经过三亚海水
全浸区 1 年自然暴露后的砂浆试样进行抗氯离子渗透能力测试，并与标准养护
条件下的测试结果进行比较，见 6-15 图。从图中结果可知，经过三亚海水 1 年
自然暴露后，硅酸盐和耐侵蚀硫铝酸盐海工水泥的氯离子扩散系数均升高。其
中，淡水拌和的两种海工水泥的氯离子扩散系数略有增加，但海水拌和的两种
海工水泥的氯离子扩散系数显著增加，尤其是硅酸盐海工水泥的氯离子扩散系
数增大将近 10 倍。

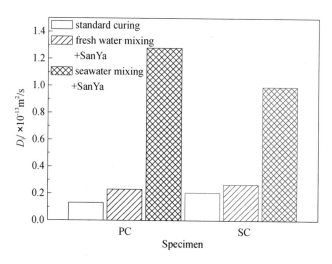

图 6-15　硅酸盐和耐侵蚀硫铝酸盐海工水泥的抗氯离子渗透能力比较图

6.5　海工混凝土的加速腐蚀测试方法研究

当前，水泥混凝土的耐久性问题日渐突出。因耐久性不足造成的结构破坏非常严重，也给社会带来了巨大的经济损失。混凝土保护涂层作为一种能够有效提高混凝土结构耐久性的材料，逐渐受到大家的重视。但是，当前有关混凝土保护涂层材料性能和防护效果的试验和评价方法尚不成熟，严重制约了这类材料的健康发展和工程应用。为此，以普通砂浆和涂覆保护涂层的砂浆为研究对象，采用不同的加速腐蚀测试方法，研究了混凝土保护涂层的防护效果。

选用了三种混凝土保护涂层，分别标注为 115, 309 和 Powerseal® 20。其中 115 是水基类密封剂，用于混凝土地面和内外墙的保护，可以有效阻止腐蚀介质进入混凝土内部，防止混凝土中性化；用量（8±0.5）m²/L。309 水基类养护和密封剂，可以阻止有害溶液（例如盐溶液）渗入混凝土内部，防止混凝土中性化；用量（8±0.5）m²/L。Powerseal® 20 是硅烷类乳液，能有效阻止对混凝土结构造成严重破坏的水、盐和酸的侵蚀。用于钢筋混凝土时，可以减少水溶性的盐对钢筋的锈蚀；用量（2.5±0.5）m²/L。

6.5.1　电化学试验

6.5.1.1　试样制备

将Ⅰ级建筑钢筋加工制成直径 7mm、长度为 100mm、表面粗糙度为 R_a 的最大允许值为 1.6um 的试样，用汽油、乙醇、丙酮依次浸擦除去油脂，检查无锈后放入干燥器备用。

成型前从干燥器内取出钢筋，插入试模两端预留凹孔中。试验胶砂比 1∶3、水灰比 0.5，砂为新型标准砂。将称好的混合料放入搅拌锅内干拌 1min，湿拌 3min 后将搅拌均匀的砂浆灌入预先安置好钢筋的试模内，在搅拌台上振动成型，然后抹平。

试件成型后在标准养护箱内养护 24h 脱模、刷毛，用水泥净浆覆盖外露的钢筋两头，继续养护 48h，取出试件，除去两端的净浆，仔细擦净外露钢筋头的锈斑，在钢筋的一端焊上长 80～100mm 的导线，用乙醇擦去焊油，并在两端涂上环氧树脂绝湿绝缘，暴露长度为 80mm。

试样分为两组，一组为对比试样，另一组为处理试样，刷涂混凝土保护涂层。刷涂 2 遍，中间间隔 4～6h。试验室环境下静置 96h，备用。

6.5.1.2　试样加速腐蚀条件

盐溶液侵蚀条件：试样在 5％氯化钠溶液中浸泡 2d，然后试验室环境〔（23±2）℃、$RH50\%$〕下静置 5d，7d 为一个周期，浸泡结束时进行相关的测试。

盐雾侵蚀条件：试样放入盐雾箱（喷雾浓度 5％，箱内温度 35±1℃）2d，然后试验室环境〔（23±2）℃、$RH50\%$〕下静置 5d，7d 为一个周期，取出试样时进行相关测试。

6.5.1.3　试验结果及分析

本试验采用的参比电极为饱和甘汞电极（SCE），由于 $Cu/CuSO_4$ 电极的标准电位比饱和甘汞电极（SCE）高 60mV，因此用 SCE 测得的自然电位小于 −290mV 时，钢筋腐蚀的概率为 90％；SCE 测得的自然电位在 −140mV～ −290mV 之间时，钢筋腐蚀的状况不能确定；SCE 测得的自然电位在大于 −140mV 时，钢筋腐蚀的概率仅 10％，即基本处于钝化状态。

当用腐蚀电流密度评价钢筋混凝土内钢筋的锈蚀状况时，可以参考以下标准，当 I_{corr} 小于 0.1uA/cm² 时，一般认为腐蚀可忽略，即钢筋仍处于钝化状态；当 I_{corr} 在 0.1～0.5uA/cm² 之间时，可认为正在进行低速腐蚀；当 I_{corr} 在 0.5～ 1uA/cm² 之间时，可认为正在进行中至高速腐蚀；当 I_{corr} 大于 1uA/cm² 时，可认为正在进行高速腐蚀。

对比试样和刷涂混凝土保护涂层试样在腐蚀环境（NaCl 溶液和中性盐雾）下，每间隔一定时间取出对比试样采用半电池电位方法判断试件中的钢筋是否已处于活化状态。由于线性极化的理论前提是钢筋处于活化状态，非活化状态的钢筋腐蚀电流用动电位扫描的方法无法确定。大致确定试件中钢筋处于活化状态时，使用线性极化方法进行测试。

（1）（涂层＋盐溶液）条件下的钢筋锈蚀

对比试样和刷涂混凝土保护涂层试样浸 NaCl 溶液试验结果和分析如下：

在 NaCl 溶液环境下对比试样不同周期线性极化扫描曲线如图 6-16 所示。随着测试周期的增加，腐蚀电位负移，这说明试件中钢筋的钝化膜在盐溶液的作用下不断被活化，钢筋锈蚀程度加重。

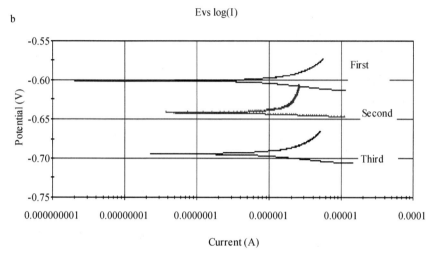

图 6-16　对比试样不同周期线性极化扫描曲线

由图 6-17 看到，涂刷混凝土保护涂层试样浸 NaCl 溶液第一、二和三周期线性极化扫描曲线同对比试样的线性极化扫描曲线类似，腐蚀电位随周期的增加负移，钢筋钝化膜活化程度加重。

图 6-18 描述了对比试样和涂层试样在第一周期线性极化扫描曲线，在腐蚀环境相同、处理时间相同时，对比试样腐蚀电位最负，表明钢筋钝化膜破坏最严重；且图 6-21 中对比试样第一周期腐蚀电流密度大于 $1uA/cm^2$，表明对比试样正在进行高速腐蚀。涂刷 115、309 和 20 试样相比，腐蚀电位由低到高的顺序是 20、115 和 309，但都比对比试样的腐蚀电位要正；腐蚀电流密度 115 和 309 接近 0.1 uA/cm^2，说明涂刷 115 和 309 试样钢筋腐蚀速度很低，可以忽略不计，20 试样腐蚀电流密度在 0.1～0.5uA/cm^2 之间，可以认为 20 试样钢筋正在低速腐蚀。

图 6-19 描述了对比试样和涂层试样在第二周期线性极化扫描曲线，可以看到，对比试样腐蚀电位最负，表明钢筋钝化膜破坏严重；第二周期腐蚀电流密度较第一周期更大，表明对比试样正在进行高速腐蚀，腐蚀速度加快。涂刷 115、309 和 20 试样同对比试样相比，腐蚀电位更正，由低到高的顺序是 20、115 和 309，但 20 和 115 试样腐蚀电位接近，同第一周期腐蚀电位相比，115 腐蚀电位负移更多。

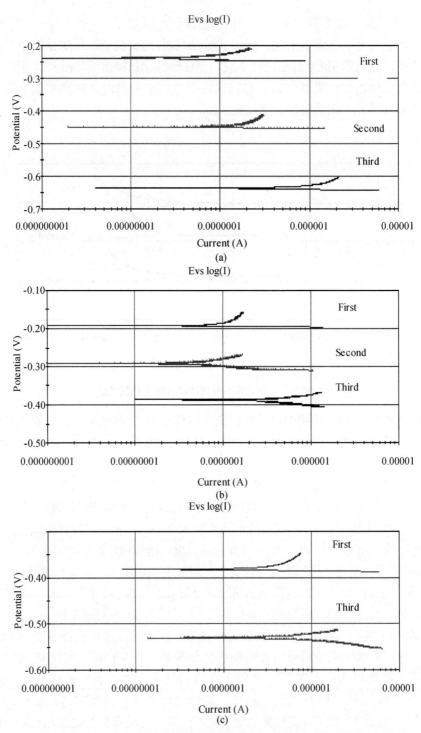

图 6-17　处理试样不同周期线性极化扫描曲线（E-logI 曲线）

(a) 115；(b) 309；(c) 20

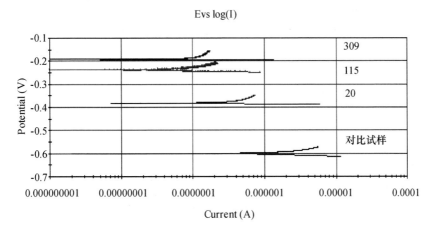

图 6-18   试样第一周期线性极化扫描曲线（E-logI 曲线）

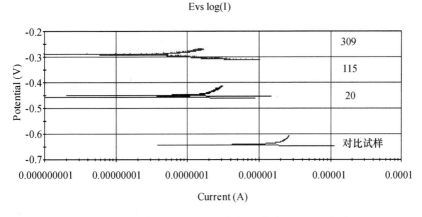

图 6-19   试样第二周期线性极化扫描曲线（E-logI 曲线）

由图 6-21 可以看到，腐蚀电流密度 309 接近 0.1 uA/cm²，说明涂刷 309 试样第二周期钢筋腐蚀速度依然非常低，仍可以忽略不计；115 和 20 试样腐蚀电流密度在 0.1～0.5uA/cm² 之间，20 腐蚀电流密度大于 115，可以认为 115 和 20 试样钢筋正在低速腐蚀，20 试样钢筋腐蚀速度高于 115 试样。

图 6-20 描述了对比试样和涂层试样在第三周期线性极化扫描曲线，可以看到，对比试样腐蚀电位依然最负，表明钢筋钝化膜破坏最严重；涂刷 115、309 和 20 试样同对比试样相比，腐蚀电位更正，由低到高的顺序是 115、20 和 309，同第二周期腐蚀电位相比，115 试样腐蚀电位较 20 试样更负。

由图 6-21 可以看到，第三周期腐蚀电流密度继续增大，表明对比试样正在进行高速腐蚀，腐蚀速度更快。309 腐蚀电流密度在 0.1～0.5uA/cm² 之间，说明涂刷 309 试样第三周期钢筋腐蚀正在进行低速腐蚀；115 和 20 试样腐蚀电流密度在 0.5～1.0uA/cm² 之间，20 腐蚀电流密度大于 115，但相差并非很大，可以认为 115 和 20 试样钢筋正在中至高速腐蚀，20 试样钢筋腐蚀速度虽高于 115 试样，但比较接近。

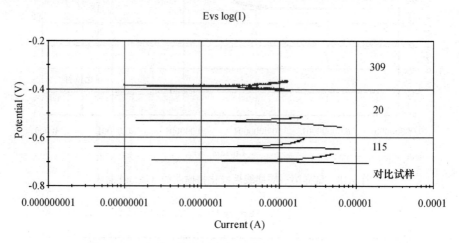

图 6-20　试样第三周期线性极化扫描曲线（E-logI 曲线）

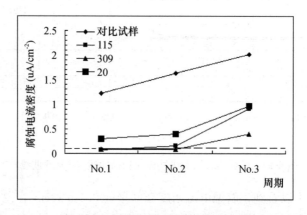

图 6-21　试样不同周期腐蚀电流密度

不论是对比试样还是刷涂混凝土保护涂层试样，随着在盐溶液中处理周期的增加，腐蚀电流密度增加；在处理周期相同时，腐蚀电流密度大小顺序为：对比试样＞20 试样＞115 试样＞309 试样（图 6-21）。这表明试样中钢筋腐蚀速度随处理周期次数的增加而增大，周期次数相同时，试样中钢筋腐蚀速度对比试样最大，20 试样次之，115 试样再次之，309 试样最小。

（2）（涂层＋盐雾）条件下的钢筋锈蚀

对比试样和刷涂混凝土保护涂层试样盐雾-静置试验试验结果和分析如图 6-22，描述了对比试样在盐雾-静置腐蚀条件下不同周期的线性极化曲线。可以看到随着周期次数的增加，极化电阻降低，对比试样腐蚀电位负移，这说明钢筋钝化膜不断地被活化，活化程度随周期次数而增加。

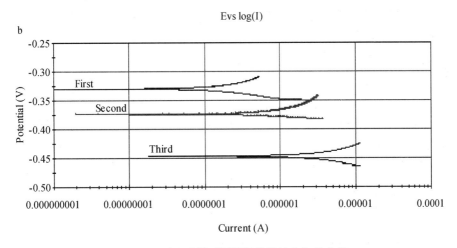

图 6-22　对比试样不同周期线性极化扫描曲线

　　图 6-23 描述了刷涂混凝土保护涂层试样在盐雾-静置腐蚀条件下不同周期的线性极化曲线。可以看到线性极化曲线变化趋势同对比试样类似，即随着周期次数的增加，极化电阻降低，对比试样腐蚀电位负移，这也说明刷涂混凝土保护涂层后试样的钢筋钝化膜不断地被活化，活化程度随周期次数增加而增加。

　　图 6-24 描述了对比试样和涂层试样在盐雾-静置第一周期线性极化扫描曲线。可以看到，对比试样腐蚀电位最负，表明钢筋钝化膜活化程度最高；且图 6-27 中对比试样第一周期腐蚀电流密度大于 $0.1 uA/cm^2$，表明对比试样正在进行低速腐蚀。涂刷 115、309 和 20 的试样相比，腐蚀电位由低到高的顺序是 20、115 和 309，但都比对比试样的腐蚀电位要正；腐蚀电流密度 115 和 309 接近 $0.1 uA/cm^2$，说明涂刷 115 和 309 试样钢筋腐蚀速度很低，可以忽略不计，20 试样腐蚀电流密度在 $0.1\sim0.5 uA/cm^2$ 之间，可以认为 20 试样钢筋正在低速腐蚀。

　　图 6-25 描述了对比试样和涂层试样在盐雾-静置第二周期线性极化扫描曲线，可以看到，对比试样腐蚀电位最负，表明钢筋钝化膜活化程度最高；第二周期腐蚀电流密度较第一周期更大，表明对比试样正在进行高速腐蚀，腐蚀速度加快。涂刷 115、309 和 20 的试样同对比试样相比，腐蚀电位更正，由低到高的顺序是 20、115 和 309。需要特别指出的是第二周期时 20 试样的腐蚀电位比较的接近对比试样。

　　由图 6-27 可以看到，腐蚀电流密度 115 试样和 309 试样接近 $0.1 uA/cm^2$，说明涂刷 115、309 试样第二周期钢筋腐蚀速度依然非常低，仍可以忽略不计；20 试样腐蚀电流密度在 $0.1\sim0.5 uA/cm^2$ 之间，可以认为 20 试样钢筋正在低速腐蚀。

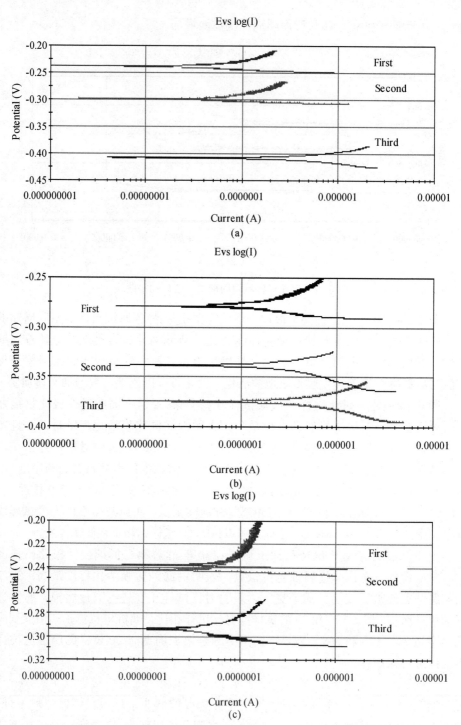

图 6-23　处理试样不同周期线性极化扫描曲线（E-logI 曲线）

(a) 115；(b) 20；(c) 309

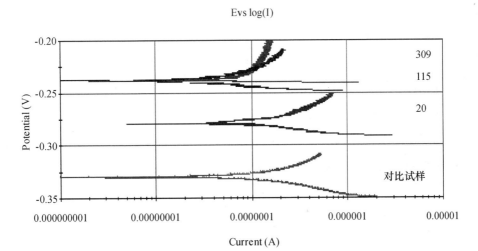

图 6-24　试样第一周期线性极化扫描曲线（E-logI 曲线）

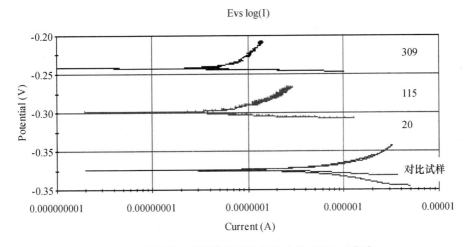

图 6-25　试样第二周期线性极化扫描曲线（E-logI 曲线）

　　图 6-26 描述了对比试样和涂层试样在盐雾-静置第三周期线性极化扫描曲线。可以看到，对比试样腐蚀电位依然最负，表明钢筋钝化膜破坏最严重；涂刷 115、309 和 20 试样同对比试样相比，腐蚀电位更正，由低到高的顺序是 115、20 和 309，同第二周期腐蚀电位相比，115 试样腐蚀电位较 20 试样更负。

　　由图 6-27 可以看到，第三周期腐蚀电流密度继续增大，表明对比试样正在进行高速腐蚀，腐蚀速度更快。309 试样腐蚀电流密度在 0.1～0.5uA/cm^2 之间，说明涂刷 309 试样第三周期钢筋腐正在进行低速腐蚀；115 试样腐蚀电流密度在 0.5～0.6uA/cm^2 之间，说明涂刷 115 试样第三周期钢筋腐正在进行中至高速腐蚀；20 试样腐蚀电流密度大于 1.0uA/cm^2，可以认为 20 试样钢筋正在高速腐蚀。

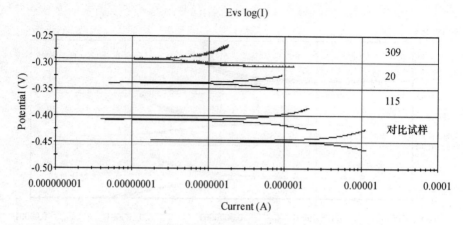

图 6-26   试样第三周期线性极化扫描曲线（E-logI 曲线）

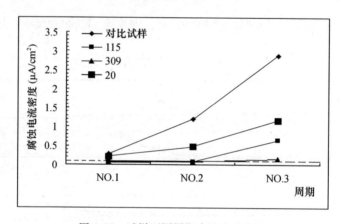

图 6-27   试样不同周期腐蚀电流密度

不论是对比试样还是刷涂混凝土保护涂层试样，随着盐雾-静置处理周期次数的增加，腐蚀电流密度增加；在处理周期相同时，腐蚀电流密度大小顺序为对比试样＞20 试样＞115 试样＞309 试样（图 6-27）。这表明试样中钢筋腐蚀速度随处理周期次数的增加而增大，周期次数相同时，试样中钢筋腐蚀速度对比试样最大，20 试样次之，115 试样再次之，309 试样最小。

（3）两种腐蚀条件下钢筋的腐蚀速度

接下来对盐溶液-静置（试验室）（记为条件 A）和盐雾箱-静置（试验室）（记为条件 B）两种腐蚀条件下经混凝土保护涂层处理试样钢筋的腐蚀速度进行了比较。盐溶液和盐雾氯化钠含量均为 5％（质量百分比），测量周期亦相同，不同的是盐雾箱中温度为（35±1）℃，而盐溶液温度为试验室温度（23±2）℃。

图 6-28 描述了刷涂 115 混凝土保护涂层试样在两种腐蚀条件下不同周期时的钢筋腐蚀电流密度。可以看到每个周期时条件 A 下钢筋腐蚀电流密度均高于

条件 B，随着周期次数增加，条件 A、B 下钢筋腐蚀电流密度相差愈大。条件 A 下钢筋腐蚀速度变化：可以忽略—低速腐蚀—中至高速腐蚀（偏高速腐蚀），条件 B 下钢筋腐蚀速度变化：可以忽略—可以忽略—中至高速腐蚀（偏中速腐蚀）。刷涂 115 混凝土保护涂层后试样钢筋腐蚀速度 $V_{corr}^A > V_{corr}^B$。

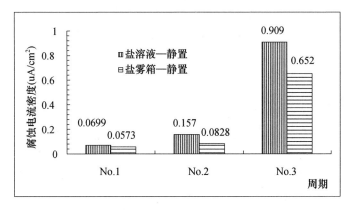

图 6-28　涂刷 115 试样不同周期腐蚀电流密度

图 6-29 描述了刷涂 309 混凝土保护涂层试样在两种腐蚀条件下不同周期时的钢筋腐蚀电流密度。可以看到每个周期时条件 A 下钢筋腐蚀电流密度均高于条件 B，随着周期次数增加，条件 A、B 下钢筋腐蚀电流密度相差愈大。条件 A 下钢筋腐蚀速度变化：可以忽略—可以忽略—低速腐蚀，条件 B 下钢筋腐蚀速度变化：可以忽略—可以忽略—低速腐蚀。刷涂 309 混凝土保护涂层后试样钢筋腐蚀速度 $V_{corr}^A > V_{corr}^B$。

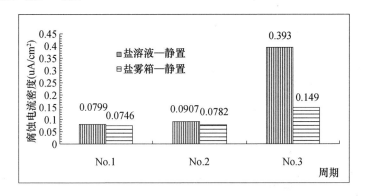

图 6-29　涂刷 309 试样不同周期腐蚀电流密度

图 6-30 描述了刷涂 20 混凝土保护涂层试样在两种腐蚀条件下不同周期时的钢筋腐蚀电流密度。可以看到第一个周期时条件 A 下钢筋腐蚀电流密度高于条件 B，钢筋腐蚀速度均为低速腐蚀；第二个周期时虽然钢筋腐蚀速度仍为低速腐蚀，但是条件 B 下钢筋腐蚀电流密度却高于条件 A；第三个周期时条件 B 下钢

筋腐蚀速度高于条件 A。条件 A 下钢筋腐蚀速度变化：低速腐蚀—低速腐蚀—中至高速腐蚀，条件 B 下钢筋腐蚀速度变化：低速腐蚀—低速腐蚀—高速腐蚀。刷涂 20 混凝土保护涂层后随着腐蚀周期次数增加试样钢筋腐蚀速度V_{corr}^{B}赶上并超过V_{corr}^{A}。

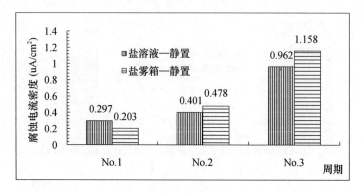

图 6-30　涂刷 20 试样不同周期腐蚀电流密度

6.5.2　交流阻抗谱试验

试验分别进行了 115、309 和 20 三种混凝土保护涂层刷涂前后的 ACIS 测试，其 Nyquist 图如图 6-31、图 6-32 和图 6-33 所示。刷涂混凝土保护涂层后高频弧的直径明显增大，并随着涂层刷涂次数而增加。

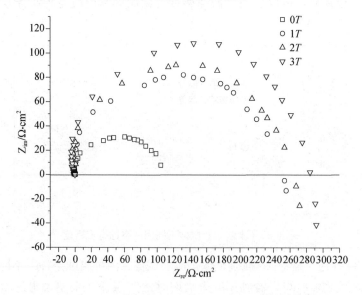

图 6-31　115 保护涂层试样 Nyquist 图（T 指刷涂次数）

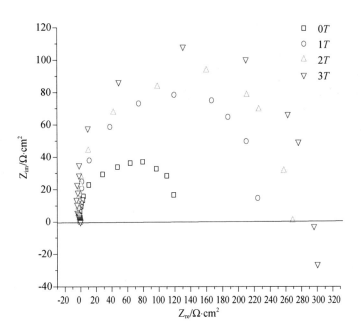

图 6-32　309 保护涂层试样 Nyquist 图（T 指刷涂次数）

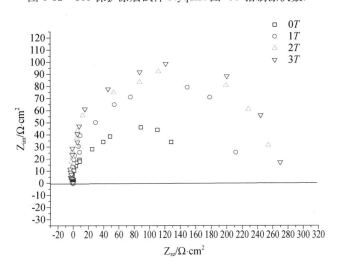

图 6-33　20 保护涂层试样 Nyquist 图（T 指刷涂次数）

　　含电解质的固-液界面具有双电层结构，通常用简单的电阻-电容单元来描述。水泥浆体孔溶液属典型的强电解质溶液，起导电作用的离子主要包括 K$^+$、Na$^+$、Ca^{2+}、OH$^-$ 等，其 ACIS 特性可用"砖块"模型来描述[30]。在此基础上本论文提出了"串砖块"模型（图 6-34）：将试样分成 Part A（没有同涂层发生作用的试样部分）和 Part B（同涂层发生作用的试样部分）两部分，这两部分为串联关系（电场方向上）；每一部分再分别细分为 N$_1$、N$_2$（N= N$_1$＋N$_2$）个单元，每一部分中的每个单元具有相同的结构——在电场方向上固相、液相和固-液界面量及性质相同。

假设刷涂混凝土保护涂层仅使 Part B 的性质发生了改变。理由如下：

（1）刷涂一涂后，混凝土保护涂层随着渗透深度的增加而减少，在一定深度时混凝土保护涂层对基体混凝土的影响变得非常小；

（2）刷涂第二涂、第三涂甚至更多时，其渗透的深度不会大于第一涂的渗透深度。

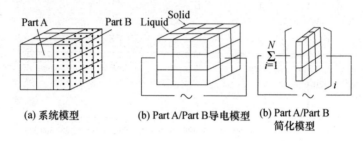

(a) 系统模型　　　　　(b) Part A/Part B导电模型　　(b) Part A/Part B
　　　　　　　　　　　　　　　　　　　　　　　　　　　简化模型

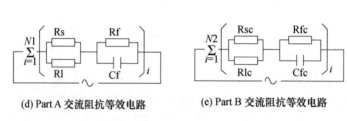

(d) Part A 交流阻抗等效电路　　　(e) Part B 交流阻抗等效电路

图 6-34　混凝土保护涂层系统的导电模型

对于 Part A：根据电化学原理，试样的阻抗为固液两相产生的阻抗与界面阻抗之和，即：

$$Z_A = Z_1 + Z_2 \tag{6-29}$$

其中：

$$Z_1 = \sum_{i=1}^{N1} \frac{1}{1/R_s + 1/R_l} = \sum_{i=1}^{N1} R_l (R_l \gg R_s) \tag{6-30}$$

（试样在 110℃ 下干燥 48h，认为 R_l 已经很小，这同图 6-31、图 6-32 和图 6-33 中高频弧起点非常接近 0 是相符的。）

$$Z_2 = \sum_{i=1}^{N1} \frac{1}{1/R_f + jwC_f} = \frac{N_1 R_f}{1 + (wC_f R_f)^2} - j \frac{N_1 wC_f R_f^2}{1 + (wC_f R_f)^2} \tag{6-31}$$

式中，R_s 和 R_l 分别为固相和液相的电阻，C_f 和 R_f 为固液界面的电容和电阻，w 为交流信号的角频率。

将式（6-27）、式（6-28）代入式（6-26）可得

$$Z_A = \sum_{i=1}^{N1} R_l + \frac{N_1 R_f}{1 + (wC_f R_f)^2} - j \frac{N_1 wC_f R_f^2}{1 + (wC_f R_f)^2} \tag{6-32}$$

用 R_1 和 R_2 分别表示固液相和界面电阻，C_d 表示界面总电容，则有

$$R_1 = \sum_{i=1}^{N1} R_1 \cong 0, R_2 = N1R_f, C_d = \frac{C_f}{N1}$$

$$Z_A = \frac{R_2}{1+(wC_dR_2)^2} - j\frac{wC_dR_2^2}{1+(wC_dR_2)^2} \tag{6-33}$$

Part B：同 Part A 阻抗推导过程，可以得到：

$$Z_B = \frac{R_{2c}}{1+(wC_{dc}R_{2c})^2} - j\frac{wC_{dc}R_{2c}^2}{1+(wC_{dc}R_{2c})^2} \tag{6-34}$$

式中用 R_{2c} 表示 Part B 界面电阻，C_{dc} 表示 Part B 界面总电容。

将式（6-33）和式（6-34）代入 $Z = Z_A + Z_B$ 得到模型总阻抗

$$Z = \left(\frac{R_2}{1+(wC_dR_2)^2} + \frac{R_{2c}}{1+(wC_{dc}R_{2c})^2}\right) - j\left(\frac{wC_dR_2^2}{1+(wC_dR_2)^2} + \frac{wC_{dc}R_{2c}^2}{1+(wC_{dc}R_{2c})^2}\right)$$

$$= \frac{R_2 + R_{2c} + jwR_2R_{2c}C_{dc} + jwR_2R_{2c}C_d}{1+(jw)^2R_2R_{2c}C_{dc}C_d + jw\ (R_2C_d + R_{2c}C_{dc})} \tag{6-35}$$

在高频下，w 很大，忽略不含 w 的相，可以得到阻抗的实部和虚部分别为

$$Z' = \frac{R_2R_{2c}\ (C_d + C_{dc})\ (R_2C_d + R_{2c}C_{dc})}{(R_2C_d + R_{2c}C_{dc})^2 + (wR_2R_{2c}C_{dc}C_d)^2} \tag{6-36}$$

$$Z'' = \frac{wR_2^2R_{2c}^2C_dC_{dc}\ (R_2C_d + R_{2c}C_{dc})}{(R_2C_d + R_{2c}C_{dc})^2 + (wR_2R_{2c}C_{dc}C_d)^2} \tag{6-37}$$

则在复平面上出现的交流阻抗谱是一半圆，其方程为

$$\left[Z' - \frac{R_2R_{2c}\ (C_d + C_{dc})}{2\ (R_2C_d + R_{2c}C_{dc})}\right]^2 + Z''= \left[\frac{R_2R_{2c}\ (C_d + C_{dc})}{2\ (R_2C_d + R_{2c}C_{dc})}\right]^2 \tag{6-38}$$

由此可见，在复平面上出现的半圆直径为 $\dfrac{R_2R_{2c}\ (C_d + C_{dc})}{R_2C_d + R_{2c}C_{dc}}$，中心在

$\left[\dfrac{R_2R_{2c}\ (C_d + C_{dc})}{2\ (R_2C_d + R_{2c}C_{dc})},\ 0\right]$ 处。

当试件没有涂刷混凝土保护涂层时，Part B 同 Part A 的结构相同，即 $R_{2c} = R_2$，$C_{dc} = C_d$，代入式（6-34）结果同许仲梓教授提出的砖形模型推导结果基本一致。

将 $\dfrac{R_2R_{2c}\ (C_d + C_{dc})}{R_2C_d + R_{2c}C_{dc}}$（记为 D）分子分母同除以 R_{2c} 得到

$$D = \frac{R_2\ (C_d + C_{dc})}{R_2C_d/R_{2c} + C_{dc}} \tag{6-39}$$

由前面的假设，认为 R_2 和 C_d 为常数，不随是否刷涂混凝土保护涂层及刷涂次数而变化。R_{2c} 的大小与多孔材料的结构紧密相关，对材料显微结构的变化非常敏感。随着水灰比的减小、水化程度的提高或材料结构的致密化，R_{2c} 显著增大。

刷涂混凝土保护涂层后，混凝土保护涂层同 Part B 孔隙中的水化产物发生

反应生成新的物质，新生成的物质填充在孔隙中，使材料结构变得致密，R_{2c}增大，由公式（6-39）知高频弧半圆直径增大，而且增量较大。这同试验的结果一致。从另一个角度讲，刷涂混凝土保护涂层能够提高砂浆混凝土的密实度。

当二涂、三涂时，提高结构材料结构的致密性，也即 R_{2c} 增加。反映在 Nyquist 图上就是高频半圆直径随刷涂次数增加。

由上面的分析，可以得到以下结论：

（1）提出了混凝土保护涂层体系的"串砖块"结构模型，用"串砖块"模型描述刷涂混凝土保护涂层后混凝土的交流阻抗特性是合理的。试验结果同由模型推断的刷涂混凝土保护涂层结构的 ACIS 行为一致；

（2）确定了表征混凝土保护涂层影响的参数——R_{2c}（Part B 界面电阻），其大小同混凝土保护涂层提高材料密实性的能力有关。

（3）刷涂混凝土保护涂层能够提高砂浆混凝土结构的密实性，提高结构的耐久性。

6.5.3 盐水干/湿循环试验

6.5.3.1 试验过程

试件成型后，放入（60±2）℃的烘箱内烘 72 小时，取出放入塑料箱中冷却至室温，然后用浓度为 3.5% 的 NaCl 溶液浸泡 24 小时，即 96 小时为一次干/湿循环，共循环 3 次。分别对空白试件（未经腐蚀循环）、第一次干/湿循环腐蚀后的空白试件与涂层试件、第三次干/湿循环腐蚀后的空白试件与涂层试件进行孔蚀环状极化曲线检测。选用两种涂层，分别为：涂层 A（混凝土渗透密封剂 PENSEAL244）和涂层 B（混凝土防护剂 GUARD）。

6.5.3.2 实验结果分析

（1）盐水干/湿循环加速腐蚀前后涂层与混凝土表面的粘结强度测试

按照标准 GB/T 5210—85《涂层附着力的测定法（拉开法）》，通过检测实验前后涂层与基体之间的粘结强度变化，来研究混凝土渗透密封剂和防护剂涂层分别与混凝土的相容性，各实验值均为平均值，实验结果见表 6.11。

表 6.11 混凝土保护涂层粘结强度检测

涂层种类	粘接轻度（腐蚀前）/MPa	粘接强度（腐蚀后）/MPa	粘接强度损失/%
A	3.49	3.31	5.15
B	2.76	2.68	2.89

从表 11 可以看出，加速腐蚀后，两种表面涂层粘结强度呈下降趋势，但变化不大。可见涂层与混凝土具有较好的粘结效果。

（2）加速腐蚀循环过程中钢筋孔蚀环状极化曲线测试

对经干/湿循环实验后的试件按要求进行电化学孔蚀环状极化曲线测量。在本实验条件下，如果有点蚀出现，表明 Cl^- 已经渗入到钢筋周边的混凝土界面，改变了环境的腐蚀性，混凝土孔溶液中含有的 Cl^- 破坏了钢筋表面覆盖的致密的水化氧化铁薄膜，使之发生点蚀破坏。未经腐蚀循环的空白钢筋混凝土试件的电化学测试结果如图 6-35 所示。从图中结果可知，钢筋临界孔蚀电位 E_b 较高，未检测到保护电位 E_p。

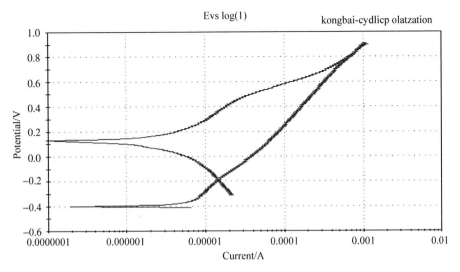

图 6-35　空白试样蒸馏水中浸泡 24h 钢筋孔蚀环状极化曲线

空白试样于氯盐溶液中第一次干/湿循环后，有微量氯离子处于混凝土中钢筋周围。图 6-36 与图 6-35 相比，该试件测得的腐蚀电位负移，腐蚀电流增大，说明干/湿循环后，Cl^- 已经渗入到钢筋周边的混凝土中，氯离子在钝化膜与混凝土孔溶液之间的界面上吸附，并由于扩散及电场的作用进入氧化物层成为膜内杂质组分，导致了钢筋钝化膜的局部破坏，使得腐蚀反应开始发生，金属的稳态溶解速度增大。但此时氯离子浓度较低，明显的活化作用只表现在局部电极表面上。将电化学实验后的试件破坏，取出钢筋，可观测到钢筋表面出现轻微点蚀。

经第三次干/湿循环后，空白试件中钢筋周围氯离子浓度继续增大，从图 6-37 可以看出，空白试件孔蚀环状极化曲线腐蚀电流进一步增大，出现明显的腐蚀现象。试样破坏后，钢筋表面部分区域呈现半圆形的凹坑，有些局部电流密度很高的凹坑的内表面被"抛光"。对比图 6-35 至图 6-37 可知，随着腐蚀循环次数的增多，除了腐蚀电位负移和腐蚀电流增大，还发生了回扫曲线的反向移动，经过第一次干/湿循环后，回扫曲线几乎与正向扫描曲线重合，经过第三次干/湿循环后，甚至出现了负环。这表明随着腐蚀循环次数的增多，虽然试样的腐蚀在逐渐发展，腐蚀速率逐渐增大，但也出现了抑制腐蚀的现象，详细机理有待进一步研究。

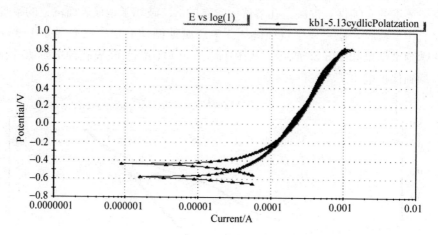

图 6-36　空白试样第一次干/湿循环后钢筋孔蚀环状极化曲线

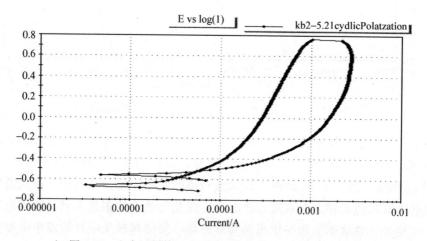

图 6-37　空白试样第三次干/湿循环后孔蚀环状极化曲线

　　图 6-38～图 6-41 是混凝土外表面涂有渗透密封剂与防护剂涂层的钢筋混凝土试件，在经历三次干/湿循环过程中，通过电化学测量获得的第一次循环与第三次循环的孔蚀环状极化曲线。由图中结果可知，外表面涂层试件经过干/湿循环腐蚀试验后，均没有明显的击穿电位，腐蚀电流较低，即没有出现明显的腐蚀倾向。这表明混凝土组织相中 Cl$^-$ 含量极微或没有，其孔溶液呈碱性，对钢筋具有钝化保护作用。可见这两种混凝土表面涂层都能有效抑制氯离子渗入混凝土，对混凝土与含腐蚀介质的环境实行了有效隔离，钢筋处于良好的低氯碱性环境，腐蚀不易进行。

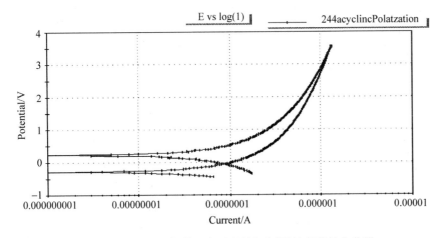

图 6-38　A 涂层试件第一次干/湿循环后孔蚀环状极化曲线

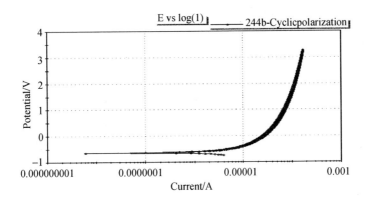

图 6-39　A 涂层试件第三次干/湿循环后孔蚀环状极化曲线

图 6-42 和图 6-43 显示了同种涂层试件经不同干/湿循环周期腐蚀后，它们的孔蚀环状极化曲线。随着腐蚀循环周期的增加，腐蚀电位负移，腐蚀电流增大，这表明钢筋周围氯离子浓度和被活化的电极表面增大。即试件中混凝土的钝化膜在盐溶液的作用下不断被活化。但与空白试件相比（图 6-44），涂有两种不同保护涂层的试件在加速腐蚀过程中的腐蚀电位较正，腐蚀电流较小。进一步说明涂层可以有效阻隔环境中氯离子进入混凝土，使钢筋处于低氯环境中，从而达到对混凝土的保护效果。

通过以上分析，可以得到以下结论：

（1）混凝土表面涂层能有效抑制氯离子进入混凝土中，恶劣环境中的混凝土建筑物对其外表面进行涂层保护是必要的。本实验条件下，涂层 A（混凝土渗透密封剂 PENSEAL244）和涂层 B（混凝土防护剂 GUARD）均对钢筋混凝土结构起到良好的防护效果。

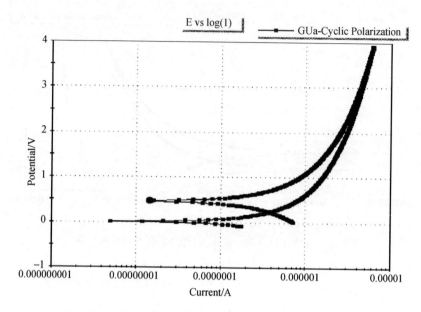

图 6-40　B 涂层试件第 1 次干/湿循环后孔蚀环状极化曲线

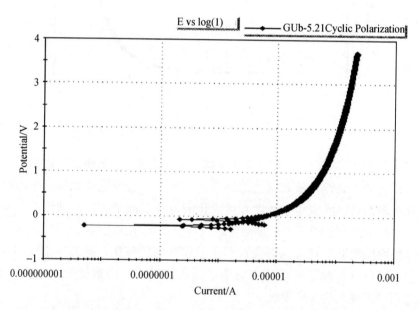

图 6-41　B 涂层试件第 3 次干/湿循环后孔蚀环状极化曲线

（2）抗氯离子渗透性是反映混凝土护筋性的重要指标。氯盐环境中，采用涂覆外表面涂层可以提高混凝土抗渗能力，氯离子渗透可显著降低。

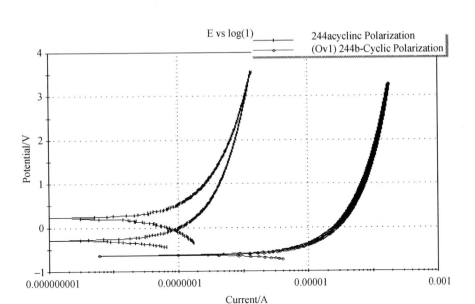

图 6-42　A 涂层试件第 1 次与第 3 次干湿循环后孔蚀环状极化曲线对比

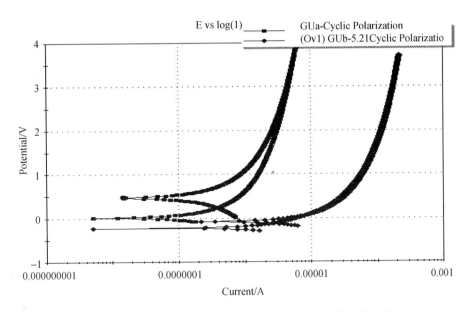

图 6-43　B 涂层试件第 1 次与第 3 次干湿循环后孔蚀环状极化曲线对比

6.5.4　钢筋混凝土应力-环境多因素下的腐蚀

6.5.4.1　试件制备

试验采用 40mm×40mm×120mm 长方体试件，灰砂比 1：3，水灰比 0.5。

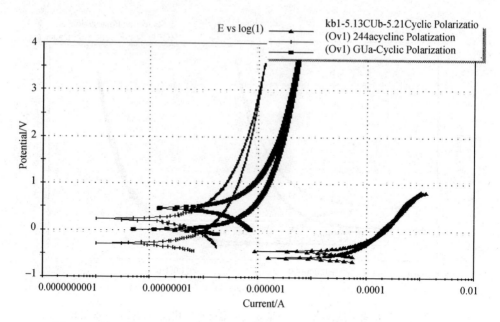

图 6-44　第 1 次干/湿循环后两种涂层试件与空白试件孔蚀环状极化曲线对比

试件埋有一根长 130mm、直径 Φ7.5mm 的 A3 建筑用光圆钢筋。试件成型分两步进行：（1）将 40mm×40mm×20mm、中心 Φ7.6 的有机玻璃定位块分别放置在三联试模两端，中间安装钢筋后浇注振捣成型养护 24h，拆模；（2）将试件两个端面打毛后放置在试模中间，在两端分别浇注灰浆振捣成型继续养护 24h，拆模按 GB8076—91 标准继续养护至 28d。

6.5.4.2　试件处理

试件分别如下处理：

（1）湿热海洋大气环境曝晒：万宁大气环境试验站属典型湿热海洋性气候，年平均温度 24.4℃，年平均湿度 87％。试样放置在距离海边 350m 平台进行大气环境曝晒，曝晒周期分别为 0.5、1、1.5 和 2 年。

（2）应力-盐雾加速腐蚀试验：试件采用四点弯曲加载方式，如图 6-45 所示。利用加载装置对混凝土试件施加相当于其弯曲破坏强度 20％、30％和 50％的弯曲应力，然后立即开始应力-盐雾加速腐蚀试验，试验周期为 7d。试验在中性盐雾试验箱中进行，喷雾为浓度 5％的氯化钠溶液，试验温度为 35℃。

6.5.4.3　测试方法

将处理后的试件去除两端各 20mm 厚的砂浆露出钢筋，打磨后并在一端焊接导线，然后将试件两端用环氧树脂密封、固化。电化学测试采用三电极体系，

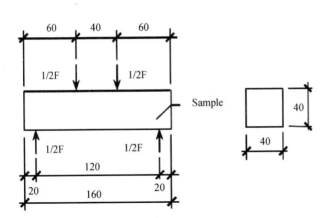

图 6-45　应力加载方式示意图

饱和甘汞电极作为参比电极；铂电极作为辅助电极。

电化学阻抗谱的测量由 273A 恒电位仪和 5210 锁相放大器完成。激励信号为正弦波，振幅 10mV，频围：$10^{-2} \sim 10^5$ Hz。测量时控制钢筋电位为开路电位。

动电位极化曲线由 273A 恒电位仪完成，进行扫描开始于 -1000mV vs. Ec，扫描到 $+500$mV vs. Ec，扫描速率为 1mV/s.

6.5.4.4　结果与讨论

（1）湿热海洋大气曝晒试件的钢筋腐蚀行为

图 6-46 是钢筋混凝土试件在万宁分别曝晒 0.5、1、1.5 和 2 年的动电位极化曲线，随着曝晒周期的延长，钢筋混凝土试件中的钢筋由钝化状态逐渐活化，这是由于随着曝晒周期的增加，大气中的氯离子附着在试件表面，在氯离子浓差和干湿交替等的作用下，氯离子逐渐向试件渗透，到达钢筋钝化膜并累积，当时间足够长，氯离子在钢筋表面累积到一定浓度后破坏钢筋钝化膜，使钢筋处于锈蚀状态。

（2）应力-盐雾加速条件下的钢筋腐蚀行为

图 6-47 至图 6-49 分别是试件在 20％、30％和 50％应力-盐雾加速腐蚀 7d 后的动电位极化曲线。分析可知，试件在 20％应力-盐雾处理 7d 后钢筋处于钝化状态，在 30％应力-盐雾处理 7d 后钢筋处于活化-钝化状态，而在 50％应力-盐雾处理 7d 后钢筋处于活化状态，即腐蚀状态。所有研究表明，钢筋在水泥水化产生的高碱度环境中，表面会沉积一层致密的碱性钝化薄膜而处于钝化状态。由于氯离子是极强的阳极活化（去钝化）剂，当在钢筋表面累积到即使很小的浓度，就足以破坏钢筋钝化膜，使钢筋去钝化。氯离子在混凝土中的渗透性和扩散性决定其到达钢筋表面的速度和数量，进而对钢筋锈蚀的预备期产生影响。弯曲应力增加，使氯离子在混凝土试件中的扩散速率加快，在

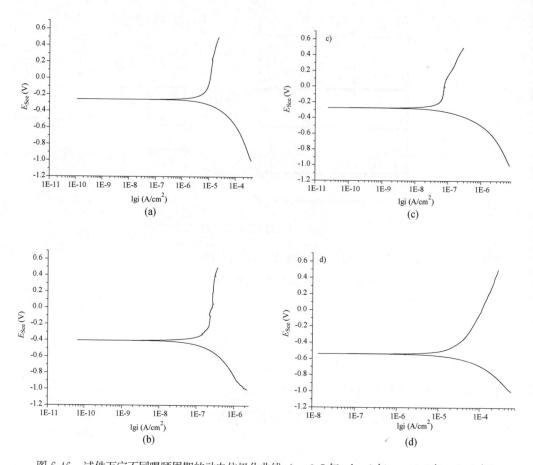

图 6-46　试件万宁不同曝晒周期的动电位极化曲线 （a—0.5 年，b—1 年，c—1.5 年，d—2 年）

相同的周期内使钢筋表面氯离子浓度累积加速并破坏钢筋钝化膜，使钢筋锈蚀。

　　图 6-50 至图 6-52 分别试件在 20％、30％和 50％应力-盐雾加速腐蚀 7d 后的 Nyquist 图。结合试件的动电位曲线采用软件 ZSimpWin 对得到 EIS 数据进行拟合，拟合电路见图 6-53。其中 R_s 代表溶液电阻，R_c、C_c 代表混凝土的电阻和电容，R_c 是腐蚀反应电阻，Q 表征钢筋界电层的常相角元件。图 6-53 中 （a） 和 （b） 分别代表混凝土中钢筋的两种状态：钝化和活性腐蚀。两者之间的差别在于描性腐蚀阶段的电路中增加了 Warburg 阻抗。EIS 的测量结果表明，钢筋/混凝土体系的阻抗谱中包含两个时间常数，分别来自界面的双电层和钢筋表面的混凝土保护层。由于混凝土的多相性和钢筋表面的不均一性，界面非法拉第过程表现出明显的弥散效应。随着腐蚀的发展，界面反应从电化学活化控制转变为传质过程控制。

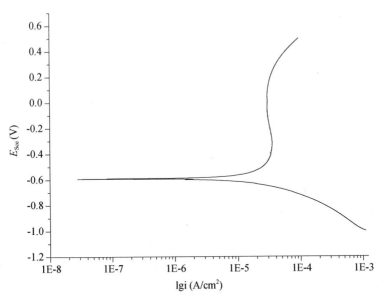

图 6-47　20％应力-盐雾下试件动电位极化曲线

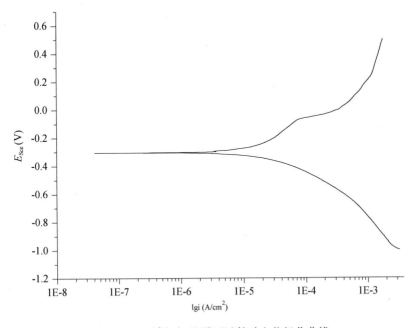

图 6-48　30％应力-盐雾下试件动电位极化曲线

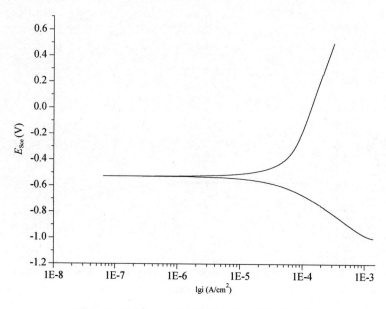

图 6-49　50％应力-盐雾下试件动电位极化曲线

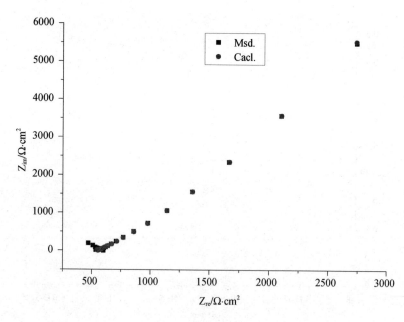

图 6-50　20％应力-盐雾下试件 Nyquist 曲线

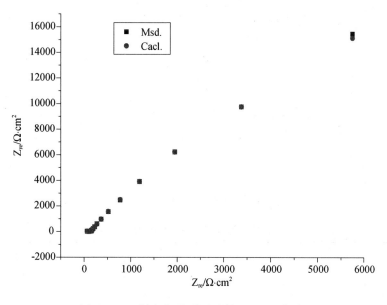

图 6-51　30％应力-盐雾下试件 Nyquist 曲线

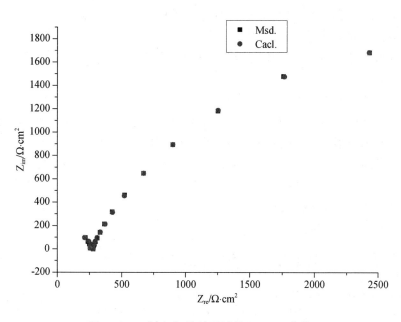

图 6-52　50％应力-盐雾下试件 Nyquist 曲线

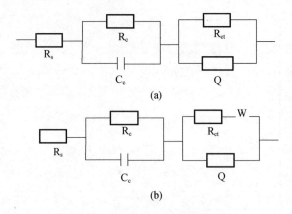

图 6-53　钢筋混凝土的等效电路图

表 6.12　等效电路图元件拟合数据表

应力	R_{ct} $\Omega \cdot cm^2$	$C_c F \cdot cm^{-2}$	Warburg $\Omega^{-1} \cdot cm^2 \cdot S^{1/2}$
20%	1.107×10^5	1.413×10^{-3}	0
30%	1.192×10^4	0.579×10^{-3}	7.878×10^{-5}
50%	5.16×10^3	1.815×10^{-3}	0.0218

由表 6.12 可知，腐蚀反应电阻随着应力水平的提高成数量级下降，这说明钢筋钝化膜由钝化状态逐渐活化，并随着应力水平增加活化程度进一步加大；随着钝化膜活化，Warburg 阻抗增加，这也说明钢筋/混凝土界面反应速度由传质过程控制。

通过以上分析，可得到如下结论：

（1）在湿热海洋性环境（万宁）下混凝土中的钢筋随着曝晒时间的延长，钝化膜在氯盐的作用下逐渐被活化，当曝晒周期为 2 年时，钢筋就开始出现锈蚀。

（2）钢筋混凝土应力-盐雾加速腐蚀试验表明，应力可以促进氯离子在混凝土中的渗透速率，使钢筋更早发生去极化出现锈蚀；钢筋混凝土的电化学阻抗谱分析也表明了随着钝化膜的活化，界面反应电阻下降，界面反应从电化学活化控制发展为传质控制工程。

6.5.5　电化学法测定混凝土保护涂层抗碳化性能

将电化学技术用于研究腐蚀比起传统的测试技术，其优点是它能快速决定样品腐蚀率，无须长时间测试，腐蚀率可随特定的条件变化。若需要知道在给定环境中，金属在一段时间后的反应必须进行长期的测试。但在许多情况下短期电化学测试足够了，因此可以使用电化学方法对比不同涂层抑制腐蚀的性能，监测钢筋的腐蚀速度，若钢筋腐蚀太快则需要提供合理的保护措施。

6.5.5.1 试件的制备

试验采用灰砂比 1∶3，水灰比 0.5 的水泥砂浆，成型配筋砂浆试件（6×4组），每组 4 块试件。尺寸为 30mm×30mm×90mm 的立方体试件，将直径为 7.5mm、长为 10mm 的 A3 建筑用光圆钢筋埋于混凝土试件的中心位置。试件钢筋出头处用中性硅酮密封胶封好，防止钢筋暴露部分在试验室被腐蚀。拆模后试件被置于标准养护室养护 28d。试件外表面喷涂前在蒸馏水中浸泡一天，喷涂时用湿布抹去试件表面的蒸馏水。试验室涂装各种有代表性的涂层（氟碳涂层，标记为 C，氯化橡胶涂层，标记为 D，丙烯酸聚氨酯涂层，标记为 E），用电化学来评估涂层对碳化的抑制作用。

6.5.5.2 试验方法

制作好的涂层混凝土试件在标准养护室养护 28d 后，与不含钢筋的试件同时放入碳化箱中，于同一碳化周期同时取出，进行对比试验。不含钢筋的混凝土试件进行劈裂后酚酞显色试验［见《普通混凝土长期性能和抗腐蚀性能试验方法（GB J82－85）》］，含钢筋试件试验前拆掉一端中性硅酮密封胶，在钢筋上焊上导线，采用两种电化学方法测试涂层对混凝土碳化的延缓作用、碳化对钢筋/混凝土界面的影响及碳化引起的钢筋锈蚀特性。通过循环极化法（电压扫描到最高电势后，在穿过最大电势后，以当前电位值反向扫描，扫描速率为 2mV/s）、动电位极化曲线法（进行扫描开始于－250mV vs. Ec，扫描到＋250mV vs. Ec，扫描速率为 0.166mV/s）两种测试技术，测定有关钢筋电极在不同介质或不同碳化程度的环境中的腐蚀电流密度、腐蚀电位、孔蚀电位等电化学参数，考察钢筋在不同 pH 和碳化周期的混凝土介质中的耐腐蚀性及同一碳化周期不同涂层的防护效果、钢筋表面的腐蚀状况等。

6.5.5.3 试验结果与分析

（1）在不同碳化周期钢筋孔蚀环状极化曲线

当有 CO_2 渗入混凝土试件中时钢筋周围的环境发生变化，通过孔蚀环状极化曲线的测试，可获得钢筋的锈蚀趋势的大小，从而评估混凝土各保护涂层的防护效果。对碳化 14d 的中间埋有钢筋的各涂层试件按要求进行电化学孔蚀环状极化曲线测量，获得混凝土内钢筋的临界点蚀电位 Eb 和自腐蚀电位 Ec。在本试验条件下，如果有点蚀出现，表明 CO_2 已经渗入到钢筋周边的混凝土界面，改变了环境的腐蚀性，使 pH 值开始降低，开始破坏钢筋表面覆盖的致密的水化氧化铁薄膜，使之发生点蚀破坏。当极化电位达到过钝电位后反向极化时，可重新回到钝化状态，此时测得自腐蚀电位 E_c。各试验没有明显的临界点蚀电位 E_b，未出现点蚀。E_c 值见表 6.13。测试结果见图 6-54～图 6-57。

表 6.13　不同试件的自腐蚀电位

试样	空白试件（碳化 14d）	试件 C（碳化 14d）	试件 D（碳化 14d）	试件 E（碳化 14d）
E_c/ mV	−541.0	−313.0	−543.0	−526.0

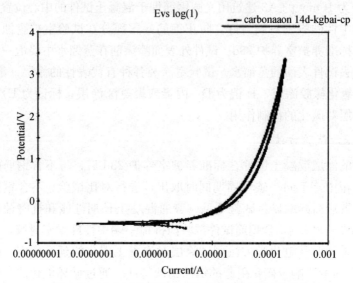

图 6-54　空白试件碳化 14d 钢筋孔蚀环状极化曲线

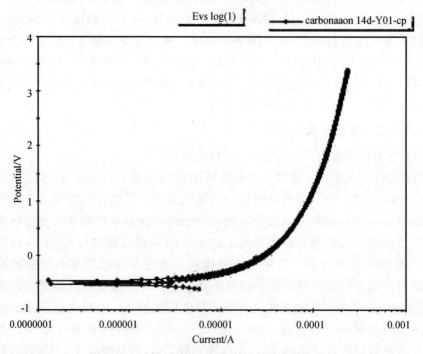

图 6-55　试件 E 碳化 14d 钢筋孔蚀环状极化曲线

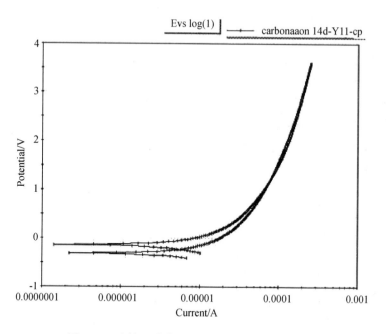

图 6-56 试件 C 碳化 14d 钢筋孔蚀环状极化曲线

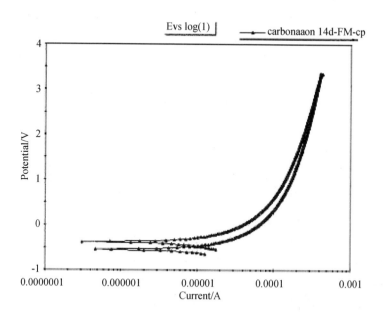

图 6-57 试件 D 碳化 14d 钢筋孔蚀环状极化曲线

由表 6.13，在碳化 14d 后，空白试件 $E_c = -541.0\text{mv}$；涂刷氟碳涂料的试件在碳化 14d 后，$E_c = -313.0\text{mV}$，电位较正。说明氟碳涂料可有效抑制二氧化碳的渗入，防止混凝土中性化，可有效防止钢筋/混凝土界面 pH 降低。为了减缓金属在介质中的自溶解速度，在混凝土外表面进行涂层是必要的。金属的自溶解过程是由阳极过程、阴极过程、液相传质过程和固相导电过程串联组成。因此，只要降低了其中一个过程的反应速度，就能阻滞其他过程的进行速度，包括金属的自溶解速度，并且引起稳定电势的移动。通过在混凝土表面涂层可有效抑制液相传质过程。

（2）在碳化不同周期后钢筋动电位极化曲线测试

由于各涂层的抗碳化能力极好，在碳化 14d 时，三种涂层试件基本没有受到碳化的损害，而空白试件已明显受到碳化的损害。包括空白试件在内的 4 种试件经碳化后，在干燥器中放置 1～2d 后，将试件放入 20℃ 的自来水中连续浸泡 24h，测试其钢筋动电位极化曲线。阳极极化曲线的直线部分和腐蚀电位 E 水平线相交点为腐蚀电流 I。具体测试结果见图 6-58～图 6-61。

腐蚀电流密度越小，说明保护涂层的存在抑制了二氧化碳的渗入，减小了钢筋的腐蚀速度。腐蚀电流密度较大时，说明钢筋周围的腐蚀浓度较大，混凝土保护涂层的防护效果下降。表面涂覆涂层后的试件的腐蚀电流密度比空白试件的腐蚀电流密度均小一个数量级，可见涂层能有效抑制二氧化碳的渗透。抑制二氧化碳渗透性的能力为：氟碳涂料＞氯化橡胶＞丙烯酸聚氨酯＞无涂层，但涂层的腐蚀电流密度在同一数量级，涂层的优良效果不明显。为了有效评价涂层长期对二氧化碳的抑制效果，延长碳化周期到 28d，各试件的测试结果如图 6-62～图 6-65。碳化 14d 和 28d 后各试件的腐蚀电流见表 6.14。

表 6.14   混凝土经碳化 14d 和 28d 后试件的腐蚀电流

试件	空白试件	试件 C	试件 D	试件 E
14d 腐蚀电流密度/（A/cm²）	1.488×10^{-5}	1.205×10^{-6}	3.190×10^{-6}	6.768×10^{-6}
28d 腐蚀电流密度/（A/cm²）	7.41×10^{-5}	2.960×10^{-7}	8.690×10^{-6}	1.95×10^{-6}

腐蚀电流越大，说明腐蚀的速度越快。腐蚀电流密度越小，说明保护涂层的存在抑制了二氧化碳的渗入，减小了钢筋的腐蚀速度。腐蚀电流密度较大时，说明钢筋周围的腐蚀浓度较大，混凝土保护涂层的防护效果下降。可见抑制二氧化碳渗透性的能力为：氟碳涂料＞氯化橡胶＞丙烯酸聚氨酯＞无涂层，将 4 种试件的动电位极化曲线于同一图中做对比，见图 6-66。

由以上分析可知：

（1）电通量试验结果可知，试件抗氯离子渗性的能力从优到劣依次为：混凝土防护剂试件＞氟碳涂料试件＞氯化橡胶试件≈丙烯酸聚氨酯试件＞无涂层试件。对混凝土进行表面涂层可显著提高钢筋混凝土的耐久性。

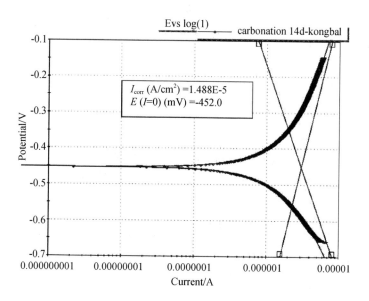

图 6-58　空白试件碳化 14d 的动电位极化曲线

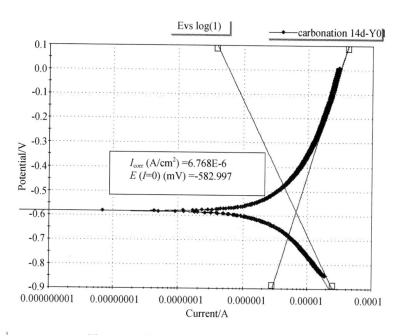

图 6-59　试件 E 碳化 14d 的动电位极化曲线

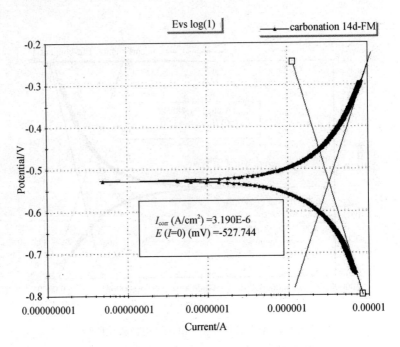

图 6-60　试件 D 碳化 14d 的动电位极化曲线

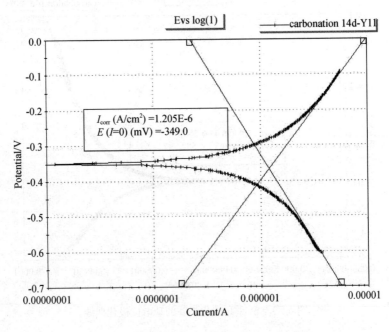

图 6-61　试件 C 碳化 14d 的动电位极化曲线

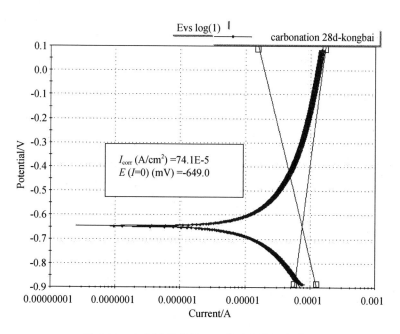

图 6-62　空白试件碳化 28d 的动电位极化曲线

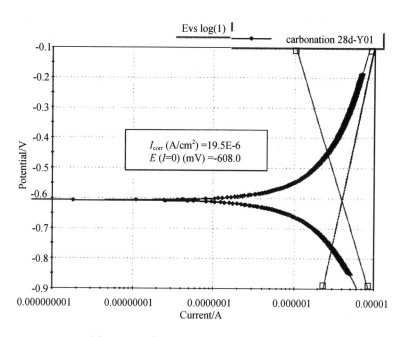

图 6-63　试件 E 碳化 28d 的动电位极化曲线

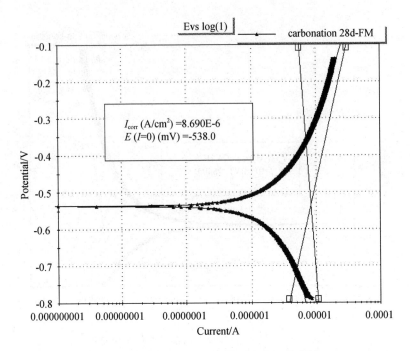

图 6-64　试件 D 碳化 28d 的动电位极化曲线

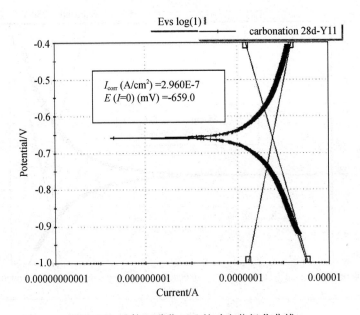

图 6-65　试件 C 碳化 28d 的动电位极化曲线

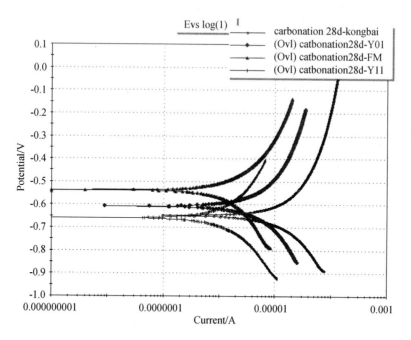

图 6-66　碳化 28d 后不同种涂层试件与空白试件的动电位极化曲线对比

（2）循环极化法所得试验结果表明：氯化钠水溶液中，经三次干/湿循环后，采用涂覆外表面涂层的各混凝土试件均无明显点蚀电位，而空白试件出现点蚀，点蚀电位为－761mv。可见采用涂覆外表面涂层可以提高混凝土抗渗能力，可显著降低 Cl⁻ 渗透，防止钢筋锈蚀。

（3）经第一次盐水干/湿循环加速腐蚀试验，空白试件、混凝土渗透密封剂试件 A 和混凝土防护剂试件 B 的自腐蚀电位分别为：－ 579.00mV、－213.00mV、13.00mV，可见所采用的涂料对混凝土起到良好的防护效果。且混凝土防护剂的防护效果优于混凝土渗透密封剂。

（4）渗水压试验表明：在高压水环境下，混凝土防护剂的渗水压最大为1.3MPa，混凝土渗透密封剂的渗水压次之，为 1.2MPa。三种涂层（氟碳涂料、氯化橡胶、丙烯酸聚氨酯）的渗水压基本相同为 1.1MPa 但都好于空白试件渗水压 1.0MPa。

（5）经碳化后酚酞显色可知，混凝土表面涂层后，均不同程度降低了碳化速度，有效抑制了二氧化碳的渗透性。抵抗二氧化碳渗透最有效的涂层为氟碳涂料（42d 碳化深度为 3.2mm），其次为氯化橡胶（42d 碳化深度为 4.2mm），再次为丙烯酸聚氨酯（42d 碳化深度为 5.0mm）。

（6）采用电化学方法测量钢筋自腐蚀速度，评价钢筋在碳化混凝土中的稳定性，结果表明涂层混凝土抑制二氧化碳渗透能力为：氟碳涂料＞氯化橡胶＞

丙烯酸聚氨酯,与酚酞显色法所得结论相符。

6.5.6 高精度抗渗实验

6.5.6.1 试验过程

将试件压入试压钢套,置于钢套底模上,涂层面迎水,用气驱增压泵给系统提供压力,通过压力管道作用到试压台上的试件底部压力腔。当达到所需压力后,由传感器把信号传给控制系统,试件保持恒定压力。当达到规定的实验压力和规定的实验时间后,自动控制结束试验。加压范围:0.1~2MPa;计时精度<0.1%;实验介质:水。

6.5.6.2 结果分析

本实验研究了在长期恒定内压下涂层(涂层 A:混凝土渗透密封剂PENSEAL244,涂层 B:混凝土防护剂 GUARD)对混凝土抗渗性能的影响,实验数据由高精度抗渗透仪 ZKS 直接读出,其结果见表 6.15。

表 6.15 高精度抗渗仪器给出数据

样品种类	空白试样	A	B
抗压强度/MPa	1.0	1.2	1.3

实验共分 3 组,每组有 6 个试件,当压力低于 1.0MPa 时,各试件均未达到实验渗水标准参数值,即均具有良好的抗渗性能;当压力增加到 1.2MPa 时,表面无涂层试件已全部出现渗水现象,涂有涂层的试件 A 部分出现渗水现象;当压力达到 1.3MPa 时,涂有涂层 A 的试件全部出现渗水现象,而涂有涂层 B 的试件开始出现渗水现象。实验表明表面涂有涂层 B 试件具有较强的高压抗渗功能。

6.6 杭州湾大桥海工混凝土结构防腐设计案例

杭州湾大桥位于杭州湾中部,北接嘉兴海盐,南连宁波慈溪,大桥全长36km,其中海域区段长约 32km,桥梁主要为混凝土结构,设计使用寿命为 100年。混凝土构件在海洋环境下存在严重的腐蚀现象,如混凝土出现锈迹、锈裂、混凝土剥落、露筋等。杭州湾地区混凝土腐蚀的主要影响因素:

(1)杭州湾地区码头和港区附近无掩护,水域宽广、风大、浪高、流急、潮差大,腐蚀环境相对恶劣。

(2)从调查结果看,混凝土碳化深度较浅,尚未达到钢筋表面,钢筋锈蚀不是由碳化引起的。

（3）调查中，未发现因碱骨料反应、硫酸盐腐蚀等引起的混凝土破坏。

（4）混凝土中氯离子含量较大，有些部位已超过了氯离子临界浓度，因此氯离子的侵入是导致钢筋锈蚀的重要原因。混凝土表面涂层具有阻绝腐蚀性介质与混凝土接触的特点，采用表面防护涂层是降低氯离子渗透速率和降低混凝土碳化速率的有效辅助措施。但表面涂层会在环境的作用下逐渐劣化而失去其功效。杭州湾大桥耐久性方案从材质本身的性能出发，以提高混凝土材料抗氯离子渗透为根本，并辅以外加涂层等补充措施，不同结构的初步防腐方案如下。

6.6.1 钻孔灌注桩

由于钻孔灌注桩的混凝土靠自重压密，因此其密实性难以与经过振捣密实的混凝土相比，为增加钻孔灌注桩的防腐性能，可适当增大钢筋保护层的厚度，采用高性能混凝土，并保留施工用钢护筒。

表 6.16　钻孔灌注桩防腐方案

环境部位	水位变化区	水下区、陆地区
混凝土设计强度等级	C30	C30
混凝土设计保护层厚度/mm	75	75
构件受力情况的估计	存在受拉区，有裂纹	存在受拉区，有裂纹
防腐方案	钢护筒（Q235，$t = 10 \sim 14$ mm）+ 高性能混凝土	高性能混凝土
最小胶凝物质用量/（kg·m^{-3}）	≥400	≥380
最大水胶比	≤0.40	≤0.42
混凝土氯离子扩散系数/（m^2·s^{-1}）浓度曲线法（90 d）	≤3.0 ×10^{-12}	≤3.5 ×10^{-12}
混凝土抗氯离子渗透性/C 电量法（28d）	≤1100	≤1500

在桩基施工过程中须避免海水中氯离子的引入，使得水位变化区的桩身混凝土初始氯离子浓度小于 0.06％，否则应在此部位的混凝土中掺加钢筋阻锈剂。

6.6.2 承台的防腐蚀措施

海上承台主要位于水位变化区和浪溅区，而陆地上承台按大气区的要求考虑其耐久性，具体方案见表 6.17。承台体积较大，混凝土等级相对较低，处在腐蚀环境恶劣的水位变化区和浪溅区，因此需较大的保护层厚度才能满足混凝土耐久性要求，初步选用的保护层厚度为 90mm。较大的保护层易使混凝土表面开裂，如承台侧面无围堰防护，则可采用纤维混凝土或增设防裂钢丝网。

表 6.17　承台防腐方案

环境部位	浪溅区、水位变动	大气区
混凝土设计强度等级	C30	C30
混凝土设计保护层厚度/mm	90	90
构件受力情况的估计	存在受拉区，有裂纹	存在受拉区，有裂纹
防腐方案	高性能混凝土	高性能混凝土
最小胶凝物质用量/（kg·m^{-3}）	≥400	≥380
最大水胶比	≤0.38	≤0.42
混凝土氯离子扩散系数/（m^2·s^{-1}）	≤3.0×10^{-12}	≤3.5×10^{-12} 浓度曲线法（90d）
混凝土抗氯离子渗透性/C	≤1100	≤1500 电量法（28d）

6.6.3　桥墩的防腐措施

桥墩的大部分位于浪溅区，一部分位于大气区，其防腐蚀措施见表 6.18。

表 6.18　桥墩防腐方案

工程部位	墩身（预制）	墩身（现浇）
混凝土设计强度等级	C40	C30（C40）
混凝土设计保护层厚度/mm	50	70
构件受力情况的估计	存在受拉区，有裂纹	存在受拉区，有裂纹
防腐方案	高性能混凝土＋硅烷类涂层	高性能混凝土＋硅烷类涂层，必要时用环氧钢筋
最小胶凝物质用量/（kg·m^{-3}）	≥450	≥400（≥450）
最大水胶比	≤0.34	≤0.38（≤0.34）
混凝土氯离子扩散系数/（m^2·s^{-1}）	≤1.5×10^{-12}	≤2.5×10^{-12} 浓度曲线法（90d）
混凝土抗氯离子渗透性/C	≤800	≤1000 电量法（28d）

墩柱外部均采用硅烷类涂层，其老化年限为 15 年，并且在 10 年内海水中的氯离子不会向混凝土中渗透，而混凝土的氯离子扩散系数在 10 年后将再变小约 2 个数量级，为安全起见按氯离子扩散系数≤1.0×10^{-12}m^2/s 计算，则混凝土的使用寿命可达 100 年以上。浪溅区范围内墩身钢筋应力较大处，裂缝宽度不易控制，可考虑采用环氧树脂钢筋。

6.6.4　混凝土箱梁的防腐措施

箱梁分为现场浇筑，预制整孔架设和预制节段拼装，箱梁均位于大气区，采用的防腐措施见表 6.19。箱梁为薄壁结构，混凝土保护层较薄，为减缓氯离子渗透，箱梁表面采用硅烷类涂层。

表 6.19 混凝土箱梁防腐方案

工程部位	箱梁（现浇）	箱梁（预制）
混凝土设计强度等级	C50	C50
混凝土设计保护层厚度/mm	40	40
构件受力情况的估计	存在受拉区，有裂纹	存在受拉区，有裂纹
防腐方案	高性能混凝土＋硅烷类涂层	高性能混凝土＋硅烷类涂层，必要时用环氧钢筋
最小胶凝物质量/（kg·m^{-3}）	≥480	≥480
最大水胶比	≤0.32	≤0.31
混凝土氯离子扩散系数/（m^2·s^{-1}）	≤1.5×10^{-12}	≤2.5×10^{-12}浓度曲线法（90d）
混凝土抗氯离子渗透性/C	≤800	≤800 电量法（28d）

6.6.5　小结

既有混凝土结构腐蚀状况的调查结果显示，环境条件恶劣、保护层不足、氯离子渗透导致的钢筋锈蚀是混凝土结构破坏的最主要原因。现有大桥混凝土结构耐久性设计方案从材质本身性能出发，其基本措施是采用高性能混凝土，以提高结构抗氯离子渗透的能力。同时，依据混凝土构件所处结构部位及使用环境条件，采用必要的补充防腐措施，如适当增大保护层厚度、混凝土外保护涂层等。

参考文献

[1] 刘志勇，孙伟，扬鼎谊等．基于氯离子渗透的海工混凝土寿命预测模型进展［J］．工业建筑，2004，34（6）：61264

[2] 范宏，赵铁军．氯离子环境下混凝土结构寿命预测．青岛建筑工程学院学报，2004，25（增刊）：122

[3] 南科所．湛江港码头钢筋混凝土上部结构腐蚀初步调查，1963

[4] Lr. D. W. Bilderbeek，et al. durability of structure in Marine Environment Recent Dutch Research. Indian Concrete Journal Vol. 62. 1988（2）

[5] 叶铭勋．氯离子扩散系数的测定．水利水运科学研究［J］．1986（4）

[6] 黄士元．按服务年限设计混凝土的方法［J］．混凝土，1994，（6）．

[7] 董长虹．MATLAB 小波分析工具箱原理与应用［M］．北京：国防工业出版社，2004.1562254.

[8] 柳俊哲，吕丽华，左红军．混凝土碳化腐蚀时亚硝酸钠保护钢筋作用的研究［J］．混凝土，2003，（4）：24-27

[9] 柳俊哲，吕丽华，李玉顺．混凝土碳化研究与进展，2005，（12）

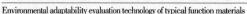
［10］柳俊哲．碳化机理及碳化程度评价［J］．混凝土，2005，(11)

［11］吴丽，卜贵贤．混凝土碳化的影响因素及碳化深度预测模型［J］．防渗技术，2002，(9)

［12］高丹盈，B. Brahim. 玻璃纤维聚合筋混凝土梁正截面承载力的计算方法［J］．水利学报，2001，(9)：73 - 80.

［13］柳俊哲，冯奇，李玉顺．混凝土中钢筋宏电池腐蚀电流测定［J］．建筑材料学报，2005，(8)：90 - 93.

［14］宋晓冰．钢筋混凝土结构中的钢筋腐蚀［D］．清华大学博士学位论文，1999.10

［15］郭成举．混凝土冻害的机制［J］．混凝土与水泥制品，1982，(3)：9219.

［16］Jean Lemaitre. A course on damage mechanics［D］. Sp ringer2Verlag, 1992.

［17］李金玉，曹建国，徐文雨，等．混凝土冻融破坏机理的研究［J］．水利学报，1999，(1)：41249.

［18］施士升．冻融循环对混凝土力学性能的影响［J］．土木工程学报，1997，30 (4)：35-42.

［19］方璟，武世翔，混凝土在试验室条件下冻融破坏的特点［J］．混凝土与水泥制品，2003，(4)：18-20.

［20］商怀帅，宋玉普，覃丽坤．普通混凝土冻融循环后性能的试验研究［J］．混凝土与水泥制品，2005，(2)．

［21］于长江，宋玉普．冻融环境下混凝土双向拉压强度与变形特性的试验研究［J］．混凝土，2004，(5)：12216.

［22］覃丽坤，宋玉普，陈浩然，等．双轴拉压混凝土在冻融循环后的力学性能及破坏准则［J］．岩石力学与工程学报，2005，24 (10)：174021745.

［23］于长江，宋玉普，张众，等．冻融环境下普通混凝土三轴受压强度与变形特性的试验研究［J］，混凝土，2005，(2)：327.

［24］杨正宏，史美伦．混凝土冻融循环的交流阻抗研究［J］．建筑材料学报，1999，2 (4)：3652368.

［25］卫军，李斌，赵宵龙．混凝土冻融耐久性的试验研究［J］．湖南城市学院学报，2003，24 (6)：125.

［26］余寿文，冯西桥．损伤力学［M］．北京：清华大学出版社，1997.

［27］唐明述．提高基建工程寿命是最大的节约．第四届混凝土结构耐久性科技论坛．2005 (12)．

［28］邹谷丰，章纯．钢筋混凝土桥梁裂缝的类型及成因［J］．建筑科学．Vol. 19, No. 5 Oct. 2003.

［29］袁明．钢筋混凝土桥梁裂缝的原因分析和修补方法［J］．中外公路．2003 (2)．

［30］王昌义，赵翠花，王家顺．快速检测氯离子渗透性能的试验方法，南京水利科学研究院材料结构研究所，1993.8

第7章 基于南海严酷海洋大气环境的多因素耦合实验环境谱研究

7.1 引　言

　　自然环境暴露试验能够反映涂层的实际使用情况，所得数据直观可靠，但试验周期长，不能满足工艺生产的迫切需要；且自然环境复杂多样，难以评估每个具体环境因素所起的作用。因此，需要寻找适当的人工加速腐蚀老化试验方法来模拟自然环境条件，提供材料的快速耐久性评价依据。针对金属材料的环境适应性评价和寿命预测的研究进行得较为深入，积累了大量的数据，取得了突破性的进展。而建材体系复杂多样，对其环境适应性评价和寿命预测的研究还很缺乏。因此，研究并建立典型建材的环境适应性评价方法十分必要。

　　而我国南海海洋大气环境属于典型的高温高湿高盐雾气候，太阳辐照强烈，空气湿度大、雨水充沛，并可能伴有海水冲刷，盐水和盐雾侵蚀。多种环境因素综合作用加速了材料的腐蚀和老化。现有的单一人工加速腐蚀老化试验（如盐雾试验、紫外光老化试验、氙灯光老化试验等）无法模拟光照、水分、污染物等对材料的综合腐蚀老化作用。因此，需要针对南海海洋复杂气候条件进行典型建材的环境适应性评价技术研究，以建立一套能够模拟南海复杂海洋环境的综合人工加速腐蚀老化试验方法，为材料的开发应用和南海工程建设提供技术支撑。

　　本章首先根据南海海洋环境，设计了多种"光老化＋盐雾"综合加速老化试验方案，以典型涂层体系为研究对象，开展其人工加速老化腐蚀试验。从外观形貌、色差、光泽度三个方面评价典型涂层体系经室内加速试验与琼海自然暴露试验后的老化规律，并采用Spearman秩相关系数法分析室内外试验的相关性，筛选与自然环境试验相关性最优的人工加速老化试验方法。从而建立能够模拟南海复杂海洋大气环境的多因素耦合腐蚀试验方法。

7.2　样品和试验方案设计

　　选用不同颜色和不同厚度的聚酯涂层板和氟碳涂层板作为初期研究对象，

如表 7.1 所示。分别进行在海南琼海的自然暴露试验以及系列实验室加速老化试验，并对室内外试验结果的相关性进行分析，确定最优实验室加速老化试验方案。

表 7.1　样品种类

编号	面漆	平均膜厚/μm	颜色
1	聚酯	28	蓝
2	聚酯	31	灰
3	聚酯	29	银
4	高耐候涂层	78	米白
5	氟碳	57	米白
6	氟碳	55	银灰

在涂层老化前期，主要的影响因素包括紫外辐照、温度等；在涂层老化后期，主要的影响因素包括水分、氧气和腐蚀性介质（气体、离子）等。所以在制定模拟室内加速老化试验方案的时候要考虑施加以上环境因素的顺序，将光老化作为试验循环前段，而后段为盐雾腐蚀循环。另外，在试验循环中引入水喷淋、辐照黑暗交替等步骤模拟自然环境中的干湿变化、明暗交替。

已知自然暴露 1 年的平均辐照值 Q'_J 和老化试验箱辐照强度 Q'_Z，按照式（7-1）计算模拟自然暴露 1 年所需的辐照时间（波长范围控制在在 300～800nm 之间)[1-2]。

$$t=\frac{Q'_J \times 60\% \times 67\% \times 10^6}{Q'_Z \times 3600} \qquad (7-1)$$

式中　t——辐照时间，单位 h；

　　　Q'_J——自然暴露 1 年的平均辐照量，单位 MJ/m^2；

　　　Q'_Z——老化试验箱的辐照强度，单位 W/m^2；

　　60%——波长在 300～800nm 之间的紫外光及可见光部分包含的能量占太阳能量的百分比；

　　67%——相关系数，考虑到不是所有时间段内的辐射都是在夏天较高温度下发生的，其对作用面的破坏较小，因此使用一个相关系数。

2015 年琼海 45°辐射总量为 5096.89MJ/m^2，设置老化试验箱辐照强度为 550W/m^2，由公式（7-1）计算出模拟琼海自然暴露 1 年所需辐照时间为 1034h，约 6 周时间。为了模拟海洋大气中 Cl^- 对腐蚀的加速作用，在加速试验方案中引入中性盐雾腐蚀步骤。从而，设计 168h 光老化＋72h 盐雾为一个循环周期的综合加速腐蚀老化试验方案，则 6 个循环周期模拟自然环境暴露 1 年。为了更好地模拟南海岛礁环境，筛选出最优的模拟南海岛礁环境的多因素耦合加

第 7 章
基于南海严酷海洋大气环境的多因素耦合实验环境谱研究

速老化实验系统，对此循环进行灵活组合，设计了一系列实验室加速老化试验方案，详见表 7.2。

表 7.2　实验室加速老化试验方案

编号	试验周期	试验步骤	参考标准
循环 1	168h 氙灯	102min 辐照：60W/m²，黑标温度 65℃，50% RH；18min 喷淋	ISO 4892.2 ISO 9227
	72h 盐雾	50 g/L NaCl，35℃，pH=6.5～7.2	
循环 2	168h 紫外	8h 辐照：UVA340 0.76W/m²，黑标温度 50℃；0.25h 喷淋；3.75h 冷凝：黑标温度 50℃	ISO 4892.3 ISO 9227
	72h 盐雾	50 g/L NaCl，35℃，pH=6.5～7.2	
循环 3	96h 氙灯	102min 辐照：60W/m²，黑标温度 65℃，50% RH；18min 喷淋	ISO 4892.2 ISO 4892.3 ISO 9227
	72h 紫外	8h 辐照：UVA340 0.76 W/m²，黑标温度 50℃；0.25h 喷淋；3.75h 冷凝：黑标温度 50℃	
	72h 盐雾	50 g/L NaCl，35℃，pH=6.5～7.2	
循环 4	240h 氙灯	102min 辐照：60W/m²，黑标温度 65℃，50% RH；18 min 喷淋	ISO 4892.2
循环 5	240h 紫外	8 h 辐照：UVA340 0.76 W/m²，黑标温度 50℃；0.25 h 喷淋；3.75h 冷凝：黑标温度 50℃	ISO 4892.3
循环 6	240h 盐雾	50 g/L NaCl，35℃，pH=6.5～7.2	ISO 9227

7.3　氟碳涂层加速腐蚀老化试验研究

7.3.1　腐蚀老化形貌观察

三种氟碳涂层板分别经过 12 个周期的循环、1～6 实验室加速腐蚀老化试验后的形貌如图 7-1 至图 7-3 所示。从图中结果可知，涂层 4 和 5 经过不同的实验室加速腐蚀老化循环后无明显变色和失光，涂层 6 表面光泽度还略有增加。

7.3.2　颜色和光泽度变化分析

氟碳涂层 4 分别经过 12 个周期的循环 1～6 实验室加速腐蚀老化试验后的色差如表 7.3 和图 7-4 所示。结果表明：在循环 6 连续盐雾实验条件下，涂层 4 的色差值随试验时间呈缓慢上升趋势，但总体变化很小，经过 12 个周期连续盐雾

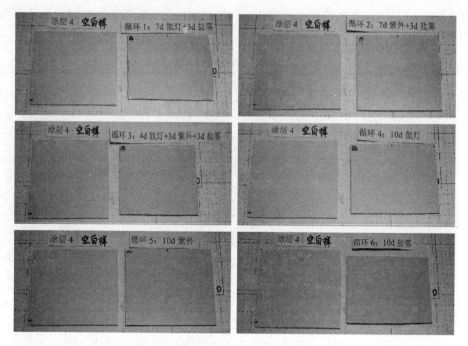

图 7-1 涂层 4 经过 12 周期的不同实验室加速腐蚀老化循环后的形貌图

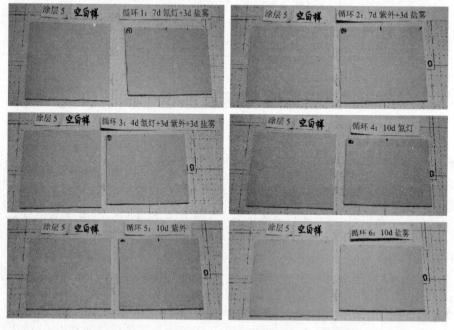

图 7-2 涂层 5 经过 12 周期的不同实验室加速腐蚀老化循环后的形貌图

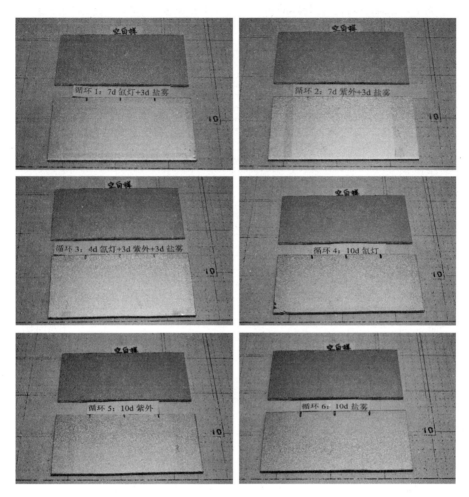

图 7-3 涂层 6 经过 12 周期的不同实验室加速腐蚀老化循环后的形貌图

试验后色差值仅为 0.37，表明单纯盐雾腐蚀对氟碳涂层 4 的老化作用不明显。而在其他五种加速腐蚀老化实验条件下，涂层 4 的色差值经过一个周期循环试验后即发生较大变化，之后呈缓慢上升趋势，这与涂层 4 在琼海自然环境条件下的色差值变化趋势表现相近。色差变化由大到小依次为：循环 1、循环 4＞循环 3＞循环 2＞循环 5＞循环 6。其中，经过 1 个实验周期后，循环 1 的色差值略低于循环 4，之后涂层 4 在循环 4 实验条件下的色差值保持平稳而在循环 1 实验条件下的色差值缓慢增长，经过 6 个实验周期后，循环 1 的色差值已经与循环 4 齐平，并在随后的实验周期内开始超越循环 4。综合来说，氙灯全光谱辐照对涂层 4 的老化作用最为明显，紫外辐照次之，盐雾最弱，但是光老化＋盐雾腐蚀综合作用可以促进涂层 4 的腐蚀老化。

表 7.3　涂层 4 经过不同周期的循环 1～6 实验室加速腐蚀老化试验后的色差值

时间/d	色差值 ΔE					
	循环 1	循环 2	循环 3	循环 4	循环 5	循环 6
0	0.08	0.07	0.03	0.06	0.05	0.06
10	1.78	1.52	1.60	2.03	1.57	0.08
20	1.93	1.63	1.73	2.13	1.69	0.15
30	2.02	1.77	1.85	2.14	1.64	0.22
40	2.01	1.73	1.86	2.19	1.62	0.25
50	2.05	1.73	1.87	2.22	1.65	0.34
60	2.20	1.81	1.94	2.22	1.63	0.35
70	2.17	1.70	1.91	2.24	1.48	0.32
80	2.20	1.76	1.96	2.19	1.54	0.37
90	2.23	1.82	2.05	2.27	1.65	0.37
100	2.26	1.87	2.02	2.22	1.65	0.36
110	2.26	1.85	2.07	2.20	1.68	0.36
120	2.25	1.86	2.03	2.23	1.74	0.37

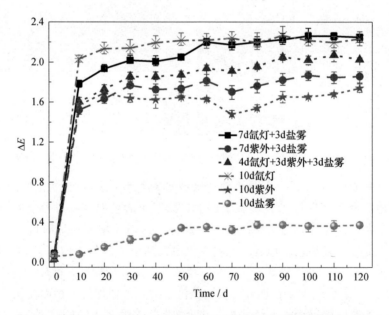

图 7-4　涂层 4 经过不同实验室加速腐蚀老化循环后的色差值变化曲线

　　氟碳涂层 4 分别经过 12 个周期的循环 1～6 实验室加速腐蚀老化试验后的光泽度如表 7.4 所示。计算涂层 4 的光泽度保持率，并做折线图（图 7-5）。从图中结果可知，经过循环 6 连续盐雾实验条件后，涂层 4 未发生失光现象。而在其他 5 种加速腐蚀老化实验条件下,涂层 4 发生极轻微失光。总的来说,涂层 4 在所设计的加速腐蚀老化实验条件下光泽度变化不明显,与其在琼海自然环境条件下的光泽度变化趋势一致。

表 7.4　涂层 4 经过不同周期的循环 1～6 实验室加速腐蚀老化试验后的光泽度值

时间/d	光泽度值					
	循环 1	循环 2	循环 3	循环 4	循环 5	循环 6
0	24.6	26.0	25.5	24.6	26.8	28.0
10	24.8	25.5	26.3	24.9	26.4	28.3
20	24.7	25.4	25.2	24.0	25.9	28.7
30	24.4	25.4	25.2	23.9	25.9	28.9
40	24.9	25.6	25.4	24.0	26.2	28.3
50	24.5	25.7	24.6	23.9	26.8	28.5
60	24.3	26.0	25.0	23.6	26.8	28.2
70	24.3	25.6	25.2	23.5	25.8	28.1
80	24.0	26.0	24.9	23.7	25.9	28.6
90	23.3	25.6	24.3	23.6	25.8	28.3
100	23.1	25.1	24.5	23.4	25.8	28.2
110	23.3	25.4	24.3	23.1	25.6	28.1
120	22.8	25.2	23.3	22.9	26.2	28.1

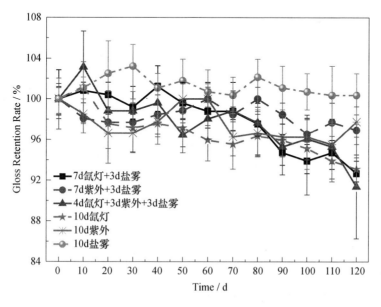

图 7-5　涂层 4 经过不同实验室加速腐蚀老化循环后的光泽度变化曲线

氟碳涂层 5 分别经过 12 个周期的循环 1～6 实验室加速腐蚀老化试验后的色差如表 7.5 和图 7-6 所示。结果表明：氟碳涂层 5 颜色变化低于涂层 4，在不同的实验室加速腐蚀老化实验下表现的色差变化规律与涂层 4 相近，表现为单纯盐雾腐蚀对氟碳涂层 5 的老化作用不明显，其他 5 种加速腐蚀老化实验促使涂层 5 的色差值经过一个周期循环试验后即发生较大变化，之后呈缓慢上升趋势，与其在琼海自然环境条件下的色差值变化趋势相近。色差变化由大到小依次为：循环 4＞循环 1＞循环 3＞循环 5＞循环 2＞循环 6。综合来说，氙灯全光谱辐照对涂层 5 的老化作用最为明显，紫外辐照次之，盐雾最弱。

表 7.5 涂层 5 经过不同周期的循环 1～6 实验室加速腐蚀老化试验后的色差值

时间/d	色差值 ΔE					
	循环 1	循环 2	循环 3	循环 4	循环 5	循环 6
0	0.08	0.06	0.07	0.07	0.07	0.05
10	1.04	0.71	0.86	1.32	0.89	0.07
20	1.04	0.66	0.98	1.44	1.04	0.10
30	1.21	0.65	1.13	1.46	0.99	0.14
40	1.26	0.68	1.16	1.50	1.01	0.15
50	1.34	0.72	1.19	1.50	1.00	0.22
60	1.28	0.71	1.18	1.52	1.02	0.21
70	1.31	0.72	1.26	1.54	1.05	0.21
80	1.34	0.88	1.25	1.52	1.11	0.21
90	1.36	0.91	1.31	1.52	1.25	0.21
100	1.39	0.97	1.36	1.52	1.26	0.22
110	1.39	1.01	1.34	1.53	1.24	0.23
120	1.30	0.99	1.38	1.55	1.26	0.21

氟碳涂层 5 分别经过 12 个周期的循环 1～6 实验室加速腐蚀老化试验后的光泽度如表 7.6 所示。计算涂层 5 的光泽度保持率，并做折线图（图 7-7）。从图中结果可知，经过循环 6 连续盐雾实验条件后，涂层 5 未发生失光现象。而在其他 5 种加速腐蚀老化实验条件下，涂层 5 发生极轻微失光。总的来说，涂层 5 在所设计的加速腐蚀老化实验条件下光泽度变化不明显，与涂层 4 表现一致。

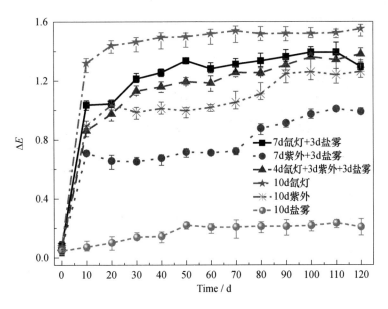

图 7-6　涂层 5 经过不同实验室加速腐蚀老化循环后的色差值变化曲线

表 7.6　涂层 5 经过不同周期的循环 1~6 实验室加速腐蚀老化试验后的光泽度值

时间/d	光泽度值					
	循环 1	循环 2	循环 3	循环 4	循环 5	循环 6
0	31.3	31.1	29.2	28.2	28.8	29.3
10	29.7	29.2	28.6	27.2	27.9	28.3
20	30.1	30.3	27.9	27.1	27.6	29.1
30	29.8	30.8	27.8	26.9	27.5	29.0
40	30.2	30.4	27.9	27.0	27.6	28.9
50	29.6	30.2	27.3	27.0	28.1	29.3
60	29.7	30.2	27.9	26.8	28.3	29.0
70	30.1	30.4	27.8	26.9	27.2	28.8
80	30.4	30.5	27.7	26.7	27.5	28.7
90	30.0	28.9	27.2	26.5	27.8	28.8
100	29.0	28.9	27.6	26.4	27.6	28.7
110	30.1	29.1	27.4	26.2	27.7	28.7
120	29.5	28.3	26.2	25.8	27.6	28.4

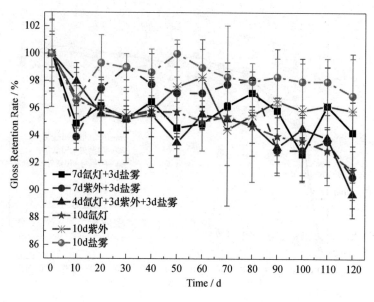

图 7-7 涂层 5 经过不同实验室加速腐蚀老化循环后的光泽度变化曲线

　　氟碳涂层 6 分别经过 12 个周期的循环 1~6 实验室加速腐蚀老化试验后的色差如表 7.7 和图 7-8 所示。结果表明：氟碳涂层 6 颜色变化在三种氟碳涂层中是最低的，在不同的实验室加速腐蚀老化实验下表现的色差变化规律与前两种氟碳涂层略有不同。表现为单纯盐雾腐蚀对氟碳涂层 6 的老化作用不明显；氙灯和紫外加速老化实验促使涂层 6 的色差值在前两个周期循环试验内发生较大变化，之后呈缓慢上升趋势；而前 3 种综合腐蚀老化加速实验促使涂层 6 的色差值在前 2~4 个周期循环试验内快速增加，之后略有下降，然后趋于平稳，与其在琼海自然环境条件下的色差值变化趋势相近。色差变化由大到小依次为：循环 4＞循环 5、循环 1＞循环 2＞循环 3＞循环 6。综合来说，氙灯全光谱辐照对涂层 6 的老化作用最为明显，紫外辐照次之，盐雾最弱。

表 7.7　涂层 6 经过不同周期的循环 1~6 实验室加速腐蚀老化试验后的色差值

时间/d	色差值 ΔE					
	循环 1	循环 2	循环 3	循环 4	循环 5	循环 6
0	0.13	0.13	0.15	0.18	0.12	0.13
10	0.63	0.50	0.57	0.73	0.70	0.20
20	0.92	0.8	0.501	0.95	0.94	0.35
30	0.78	0.83	1.111	0.89	0.84	0.32
40	1.08	0.68	1.05	1.08	0.77	0.33

续表

时间/d	色差值 ΔE					
	循环 1	循环 2	循环 3	循环 4	循环 5	循环 6
50	0.84	0.68	0.97	1.08	0.92	0.33
60	0.87	0.75	0.76	1.16	0.85	0.35
70	0.87	0.78	0.67	1.13	1.00	0.34
80	0.90	0.80	0.67	1.30	1.01	0.31
90	0.78	0.81	0.66	1.26	0.80	0.34
100	0.83	0.85	0.65	1.23	0.88	0.35
110	1.07	0.77	0.72	1.36	0.99	0.24
120	0.88	0.75	0.59	1.40	1.10	0.20

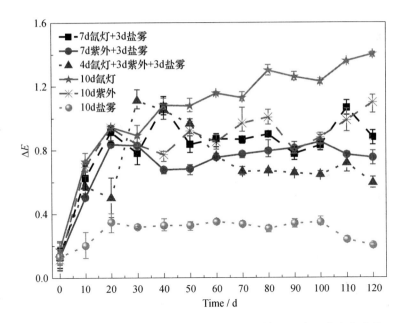

图 7-8　涂层 6 经过不同实验室加速腐蚀老化循环后的色差值变化曲线

　　氟碳涂层 6 分别经过 12 个周期的循环 1~6 实验室加速腐蚀老化试验后的光泽度如表 7.8 所示。计算涂层 6 的光泽度保持率，并做折线图（图 7-9）。从图中结果可知，经过循环 6 连续盐雾、循环 5 紫外光老化和循环 2 紫外盐雾综合循环实验条件后，涂层 6 未发生失光现象。而在其他加速腐蚀老化实验条件下，涂层 6 发生极轻微失光。总的来说，涂层 6 在所设计的加速腐蚀老化实验条件下光泽度变化不明显，与前两种氟碳涂层表现一致。

表7.8　涂层6经过不同周期的循环1～6实验室加速腐蚀老化试验后的光泽度值

时间/d	光泽度值					
	循环1	循环2	循环3	循环4	循环5	循环6
0	28.3	28.3	28.5	28.4	28.6	28.6
10	28.6	28.4	28.1	29.0	28.9	27.3
20	27.3	27.9	27.6	26.7	27.6	27.5
30	26.8	28.6	27.9	25.9	28.9	29.6
40	27.1	27.8	28.0	26.6	27.5	29.7
50	26.6	27.4	28.0	26.4	26.8	30.1
60	26.8	27.8	27.2	26.3	28.0	30.4
70	26.8	28.3	27.7	26.1	27.7	30.2
80	26.9	28.2	27.1	25.9	28.1	31.0
90	26.6	28.6	26.6	25.7	27.9	30.3
100	26.4	28.1	26.7	25.9	28.8	30.4
110	26.8	28.1	26.7	25.9	28.3	30.1
120	26.7	28.3	26.8	25.7	28.1	30.1

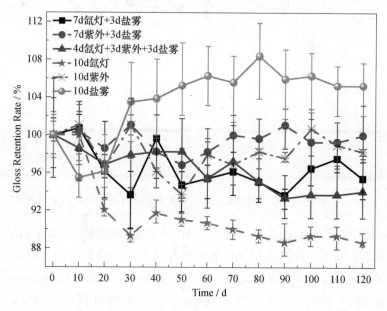

图7-9　涂层6经过不同实验室加速腐蚀老化循环后的光泽度变化曲线

7.4 聚酯涂层加速腐蚀老化试验研究

7.4.1 腐蚀老化形貌观察

三种聚酯涂层板分别经过 12 个周期的循环 1 和循环 3 实验室加速腐蚀老化试验后的形貌如图 7-10 至图 7-12 所示。从图中结果可知，涂层 1 和 2 经过不同的实验室加速腐蚀老化循环后发生轻微变色和失光，涂层 3 经过实验室加速腐蚀老化循环后发生明显变色和严重失光。

图 7-10　涂层 1 经过 12 周期的循环 1 和循环 3 加速腐蚀老化实验后的形貌图（见文后彩图）

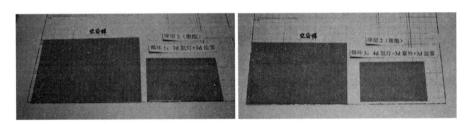

图 7-11　涂层 2 过 12 周期的循环 1 和循环 3 加速腐蚀老化实验后的形貌图（见文后彩图）

图 7-12　涂层 3 过 12 周期的循环 1 和循环 3 加速腐蚀老化实验后的形貌图（见文后彩图）

7.4.2 颜色和光泽度变化分析

聚酯涂层 1-3 分别经过 12 个周期的循环 1 和循环 3 实验室加速腐蚀老化试验后的色差如表 7.9 和图 7-13 至图 7-15 所示。结果表明：涂层 1 的色差值随着加速腐蚀老化试验时间的延长逐渐增加，其中循环 3 的色差值增幅略大于循环

1；涂层 2 在循环 3 加速腐蚀老化试验条件下的色差值变化较小，随实验时间的延长缓慢增加，而在循环 1 加速腐蚀老化试验条件下，经过 5～6 个试验周期后色差值开始快速增加；涂层 3 的色差值较涂层 1 和 2 变化更明显。其中，在前 5 个试验周期内，其在循环 1 和循环 3 实验条件下的色差值基本一致，而后，循环 1 加速腐蚀老化试验条件促使涂层 3 的色差值变化快于循环 3。

表 7.9　涂层 1～3 经过不同周期的循环 1 和 3 实验室加速腐蚀老化试验后的色差值

| 时间/d | 色差值 ΔE | | | | | |
| | 涂层 1 | | 涂层 2 | | 涂层 3 | |
	循环 1	循环 3	循环 1	循环 3	循环 1	循环 3
0	0.03	0.06	0.05	0.05	0.14	0.12
10	0.14	0.15	0.05	0.05	0.77	0.72
20	0.25	0.25	0.06	0.07	1.14	1.15
30	0.33	0.27	0.06	0.07	1.46	1.52
40	0.38	0.42	0.07	0.11	1.94	1.85
50	0.58	0.76	0.22	0.08	2.42	2.28
60	0.59	0.84	0.12	0.17	2.53	2.41
70	0.63	0.97	0.13	0.17	2.88	2.38
80	0.72	0.88	0.15	0.12	3.42	2.88
90	0.87	1.03	0.29	0.11	3.65	3.14
100	0.94	1.07	0.36	0.14	4.02	3.24
110	1.09	1.31	0.34	0.14	4.19	3.37
120	1.11	1.24	0.54	0.13	4.41	3.37

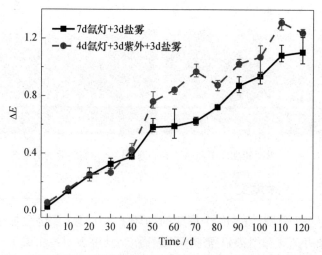

图 7-13　涂层 1 经过不同实验室加速腐蚀老化循环后的色差值变化曲线

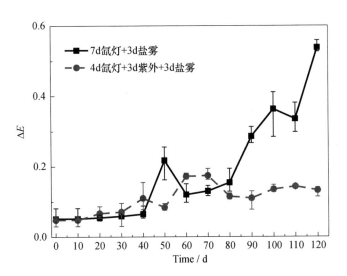

图 7-14　涂层 2 经过不同实验室加速腐蚀老化循环后的色差值变化曲线

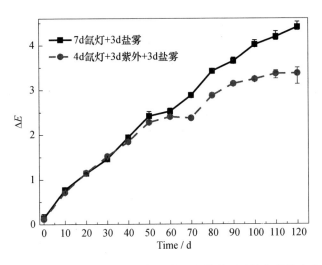

图 7-15　涂层 3 经过不同实验室加速腐蚀老化循环后的色差值变化曲线

聚酯涂层 1～3 分别经过 12 个周期的循环 1 和循环 3 实验室加速腐蚀老化试验后的光泽度如表 7.10 所示。计算涂层的光泽度保持率，并做折线图（图 7-16至图 7-18）。从图中结果可知，涂层 1 在两种实验室加速腐蚀老化实验条件下光泽度变化较小，经过 12 个周期加速试验后光泽度保持率约为 80%；而涂层 2 和3 在两种实验室加速腐蚀老化实验条件下光泽度变化较大，尤其是涂层 3，经过12 个周期加速试验后光泽度保持率尚不足 30%。而这 2 种综合加速腐蚀老化实验方法不能很好地区分三种聚酯涂层的光泽度变化。

表 7.10　涂层 1～3 经过不同周期的循环 1 和 3 实验室加速腐蚀老化试验后的光泽度值

时间/d	光泽度值					
	涂层 1		涂层 2		涂层 3	
	循环 1	循环 3	循环 1	循环 3	循环 1	循环 3
0	48.3	48.2	52.1	50.8	38.7	37.4
10	48.6	48.9	51.8	54.0	39.5	38.9
20	48.7	49.1	52.5	52.3	35.5	34.2
30	49.2	49.7	53.5	53.3	29.8	28.7
40	49.1	50.1	52.5	53.0	24.5	24.4
50	49.5	51.3	52.6	51.8	20.5	19.8
60	47.4	50.2	49.6	50.7	16.7	16.4
70	46.8	49.3	47.2	48.1	15.4	15.0
80	45.6	47.3	42.1	42.9	13.8	12.9
90	44.0	45.3	38.1	36.0	13.2	11.7
100	41.9	42.4	35.6	32.5	12.6	11.2
110	40.6	40.5	34.2	29.1	11.8	10.0
120	38.3	38.9	29.8	25.8	11.7	9.7

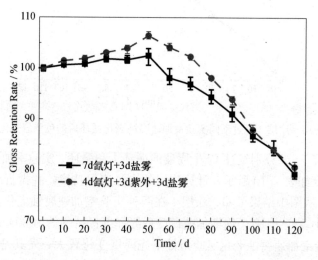

图 7-16　涂层 1 经过不同实验室加速腐蚀老化循环后的光泽度变化曲线

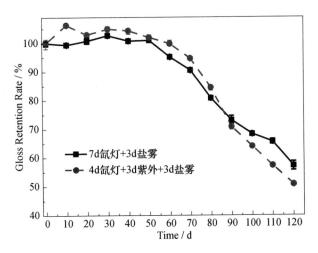

图 7-17　涂层 2 经过不同实验室加速腐蚀老化循环后的光泽度变化曲线

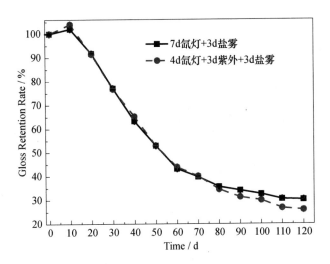

图 7-18　涂层 3 经过不同实验室加速腐蚀老化循环后的光泽度变化曲线

7.5　室内外相关性分析

7.5.1　Spearman 秩相关系数法

　　Spearman 秩相关系数法用于分析两组非线性相关变量之间的相关性分析，方法简便且能充分说明变量间的相关性问题。ASTM G169—2001（2008）Standard Guide for Application of Basic Statistical Methods to Weathering Tests 推荐了该方法[3]。Spearman 秩相关系数 r 的计算方法如下：

设 X_i、Y_i 分别为测得的两组涂层性能数据，两组数据数量相同，将两组数据按大小排序，每个数据对应的序数为该数据的秩，若有 m 个数据大小相同，则它们的秩值也相同，为这些数据所对应序数的平均值，由此得出 x_i、y_i 分别为 X_i、Y_i 的秩。d_i 为秩差的平方，即：

$$d_i = (x_i - y_i)^2 \tag{7-2}$$

$$r = 1 - 6\sum_{i=1}^{n} d_i/(n^3 - n) \tag{7-3}$$

其中，n 为参比试样数。相关系数 $r \leqslant 1$，r 越接近 1，相关性越好。

Spearman 秩相关系数法是现阶段涂层老化最常用的相关性定量分析法，与 Pearson 相关系数不同的是，该方法相关系数与数据样本分布无关，计算方法简便，因而广泛用于耐久性评价工作。

7.5.2 实验室加速腐蚀老化实验与自然环境实验相关性分析

采用 Spearman 秩相关系数法分析实验室加速腐蚀老化实验与琼海自然环境实验的相关性。选用涂层的色差和光泽度保持率这两个指标进行评价。表 7.11 为涂层 1~6 在琼海自然环境暴露 1 年和经过 6 个周期加速腐蚀老化实验后的色差和光泽度保持率排序表。

表 7.11 涂层 1~6 自然暴露 1 年和加速腐蚀老化实验 6 周期后的色差和光泽度保持率排序表

涂层种类	实验方案	实验时间	色差 ΔE			光泽度		
			色差值	排序	排序修正	光泽度保持率/%	排序	排序修正
涂层 1	琼海自然环境暴露	1 年	0.69	2	2	57.3	4	4.5
涂层 2			0.50	1	2	12.0	6	6
涂层 3			1.23	4	4.5	54.4	5	4.5
涂层 4			1.98	6	6	90.9	3	2
涂层 5			1.28	5	4.5	98.5	1	2
涂层 6			0.81	3	2	95.4	2	2
涂层 1	循环 1：7d 氙灯+3d 盐雾	6 个周期	0.59	2	2.5	98.1	2	3
涂层 2			0.12	1	1	95.2	3	3
涂层 3			2.53	6	5.5	43.2	6	6
涂层 4			2.20	5	5.5	98.8	1	3
涂层 5			1.28	4	4	94.9	4	3
涂层 6			0.87	3	2.5	94.7	5	3
涂层 1	循环 3：4d 氙灯+3d 紫外+3d 盐雾	6 个周期	0.84	3	3	104.1	1	1
涂层 2			0.17	1	1	99.8	2	3.5
涂层 3			2.41	6	5.5	43.9	6	6
涂层 4			1.94	5	5.5	98.0	3	3.5
涂层 5			1.18	4	3	95.5	4	3.5
涂层 6			0.76	2	3	95.4	5	3.5

由公式 7-2 和 7-3 计算实验室加速腐蚀老化实验与自然环境暴露实验的相关系数，其中，在色差方面，加速腐蚀老化实验循环 1 与自然环境实验的相关系数 $r_{s1}=0.91$，加速腐蚀老化实验循环 3 与自然环境实验的相关系数 $r_{s2}=0.81$，查《Spearman 秩相关系数检验临界值表》可知，当 $n=6$，取显著性水平（单尾检验）$a=0.05$ 时，Spearman 秩相关系数的临界值 $r_s^a=0.829$，从而，加速腐蚀老化实验循环 1 与自然环境实验高度正相关。在光泽度方面，加速腐蚀老化实验循环 1 与自然环境实验的相关系数 $r_{g1}=0.53$，相关性水平不高，加速腐蚀老化实验循环 3 与自然环境实验的相关系数 $r_{g2}=0.21$，可认为不相关。这和氟碳涂层实验后光泽度值无明显变化，造成取值无代表性有关。

7.5.3 涂层腐蚀老化机理分析

对聚酯涂层 1 经过琼海自然环境暴露 2 年和 12 个周期加速腐蚀老化实验循环 1 后的样品进行拉曼光谱分析，并与未经腐蚀老化实验的空白样品进行对比，结果如图 7-19 所示。

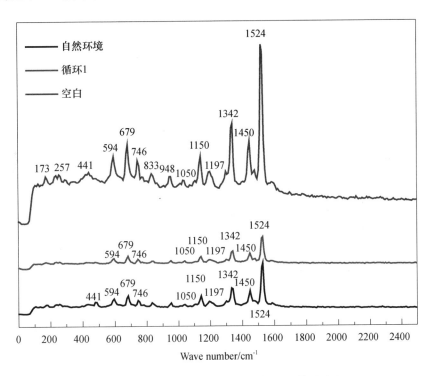

图 7-19 涂层 1 腐蚀老化前后的拉曼光谱图对比

据激光拉曼频谱分析，1100cm^{-1} 前中红外区无机物振动峰多为涂层颜填料成分的振动峰，679cm^{-1} 处为无取代基苯环上 C—H 面外弯曲振动峰，948、

1050、1150cm^{-1}处为颜填料分散剂中的 PO$_4$$^{3-}$ 特征反对称伸缩振动峰，1197cm^{-1}处为 P—O—C$_6$H$_5$ 中的 C—O 伸缩振动峰，1450cm^{-1}处为 C—H 吸收峰，1524cm^{-1}处为—NH 键振动峰。从图中结果可知，聚酯涂层 1 经自然暴露 2 年和 12 个周期的"氙灯＋盐雾"综合腐蚀老化加速试验后，以上各峰的强度均发生不同程度的减弱，有些峰甚至消失，表明涂层的腐蚀老化机理在"氙灯＋盐雾"综合腐蚀老化加速试验条件下与在自然环境条件下一致，加速实验并未改变涂层的老化机理。

参考文献

［1］刘成臣，王浩伟，杨晓华．不同材料在海洋大气环境下的加速环境谱研究［J］．装备环境工程，2013
(2)：18-24.
［2］GB/T 11793—2008，未增塑聚氯乙烯（PVC-U）塑料门窗力学性能及耐候性试验方法［S］．
［3］ASTM G169—2001（2008），Standard Guide for Application of Basic Statistical Methods to Weathering
Tests［S］．

图 3-1　涂层 1~3 经过 2 年琼海自然暴露后的形貌图

(a)暴露前　　　　　　　　　　　　　　(b)暴露后

图 3-7　涂层 7 经过 6 年琼海自然暴露后的形貌图

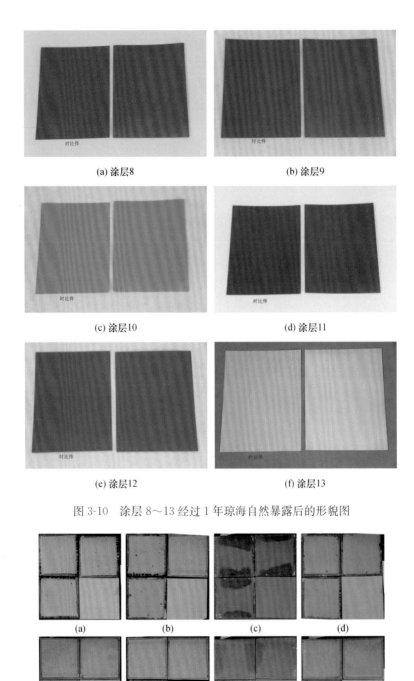

(a) 涂层8　　　　　　　　　　　　(b) 涂层9

(c) 涂层10　　　　　　　　　　　(d) 涂层11

(e) 涂层12　　　　　　　　　　　(f) 涂层13

图 3-10　涂层 8～13 经过 1 年琼海自然暴露后的形貌图

(a)　　　　(b)　　　　(c)　　　　(d)

(e)　　　　(f)　　　　(g)　　　　(h)

图 4-15　不同颜色丙烯酸反射隔热涂层在琼海（a）、（b）、（c）、（d）和
三亚（e）、（f）、（g）、（h）大气试验站暴露 0.5 年后形貌观察

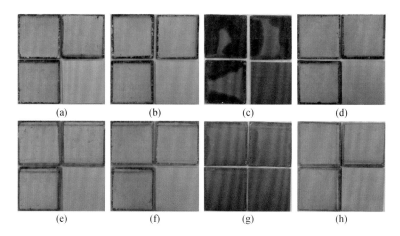

图 4-16　不同颜色丙烯酸反射隔热涂层在琼海 (a)、(b)、(c)、(d) 和
三亚 (e)、(f)、(g)、(h) 大气试验站暴露 1 年后形貌观察

图 7-10　涂层 1 经过 12 周期的循环 1 和循环 3 加速腐蚀老化实验后的形貌图

图 7-11　涂层 2 过 12 周期的循环 1 和循环 3 加速腐蚀老化实验后的形貌图

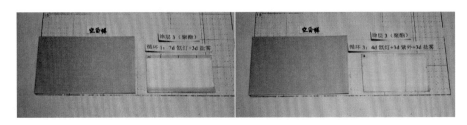

图 7-12　涂层 3 过 12 周期的循环 1 和循环 3 加速腐蚀老化实验后的形貌图